Von der Kupfersteinzeit zu den Seltenen Erden

Florian Neukirchen

Von der Kupfersteinzeit zu den Seltenen Erden

Eine kurze Geschichte der Metalle

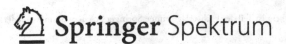

Florian Neukirchen
Berlin
Deutschland

ISBN 978-3-662-49346-5   ISBN 978-3-662-49347-2 (eBook)
DOI 10.1007/978-3-662-49347-2

Die Deutsche Nationalbibliothek verzeichnet diese Publikation in der Deutschen Nationalbibliografie; detaillierte bibliografische Daten sind im Internet über http://dnb.d-nb.de abrufbar.

Springer Spektrum
© Springer-Verlag Berlin Heidelberg 2016

Planung: Merlet Behncke-Braunbeck

Gedruckt auf säurefreiem und chlorfrei gebleichtem Papier

Springer Berlin Heidelberg ist Teil der Fachverlagsgruppe Springer Science+Business Media
(www.springer.com)

Sorgfältig durchsucht der Mensch das Innere der Erde. Hier sucht er nach Reichtum, weil die Welt nach Gold, Silber, Elektrum und Kupfererz verlangt, anderswo sucht er für den Luxus, nach Edelsteinen und Farbe für Wände und Möbel. Und wieder anderswo gräbt man für verwegene Unternehmungen nach Eisen, das für Krieg und Blutvergießen noch höher geschätzt wird als Gold. Wir graben uns durch alle Adern der Erde, leben auf ausgehöhltem Erdreich und wundern uns noch, dass sie bisweilen auseinanderklafft oder bebt.

Plinius der Ältere, 77 n. Chr., *Naturgeschichte*, Buch XXXIII

Vorwort

Wenn wir in Museen alte Metallartefakte bewundern, fasziniert uns ihre künstlerische Gestaltung, die feine Verarbeitung oder einfach der praktische Nutzen. Die Frage, wie sie hergestellt wurden, drängt sich dabei geradezu auf. Besuchsbergwerke und in Museen umgewandelte alte Hüttenwerke machen wenigstens die Metallurgie der jüngeren Vergangenheit erfahrbar, während ältere Spuren nur durch die detektivische Arbeit der Archäologen interpretiert werden können.

Dieses Buch soll nicht nur die Geschichte der Metallurgie von den Anfängen bis heute verfolgen, sondern auch das Hintergrundwissen liefern, das zum Verständnis notwendig ist: Wie unterscheidet sich die Verhüttung verschiedener Erze? Welche Reaktionen laufen dabei ab? Woher kamen die Erze? Wie genau sind Datierungen? Welche Auswirkungen hatten neue Materialien auf die damalige Gesellschaft? Die Darstellung ist nicht streng chronologisch, sondern thematisch gegliedert. Um eine leichtere historische Einordnung zu ermöglichen, erwähne ich auch allgemein bekannte Ereignisse der jeweiligen Zeit. Hin und wieder streife ich die Geologie von Erzlagerstätten, zu der Einzelheiten in meinem Buch *Die Welt der Rohstoffe* (Neukirchen und Ries 2014) nachgelesen werden können.

Für das genannte Buch war ursprünglich auch ein kurzes historisches Kapitel geplant, das wir aber aus Platzgründen gestrichen haben. Dieses Thema steht aber auch sehr gut für sich allein, daher lag es nahe, ein eigenes Buch dazu zu schreiben. Die Motivation, nicht nur aus privatem Interesse die Reste alter Kulturen in Museen und Ausgrabungen zu besichtigen, sondern auch in der entsprechenden Fachliteratur nachzulesen, verdanke ich Professor Nima Nezafati, der heute in Teheran lehrt. Sein Vortrag, den er vor vielen Jahren als Doktorand in Tübingen gehalten hat, war meine erste Begegnung mit der Archäometallurgie, der Schnittmenge zwischen Archäologie und Mineralogie.

Berlin, November 2015   Florian Neukirchen

Inhalt

1
Einleitung

Metalle spielen in der Geschichte der Menschheit eine herausragende Rolle. Sie waren so wichtig, dass einzelne Epochen danach benannt wurden: Kupfersteinzeit, Chalkolithikum (Kupferzeit), Bronzezeit und Eisenzeit (s. Abb. 1.1). Auch in der jüngeren Zeit haben neu entdeckte Metalle und neue Gewinnungsmethoden wichtige technologische Entwicklungen ermöglicht, man denke etwa an Aluminium oder die Seltenen Erden. Die Geschichte der Menschheit ist damit nicht nur eine Geschichte von Herrschern, Monumenten, Kriegen und Revolutionen, sondern zugleich eine Geschichte der Metallurgie.

Während frühe Archäologen bei ihren Ausgrabungen vor allem auf der Suche nach bedeutenden Kunstschätzen, Palästen und Tempeln waren, ist in den letzten Jahrzehnten die Untersuchung des Alltagslebens immer bedeutender geworden. Neben Siedlungen, Essgewohnheiten, Handelsbeziehungen und Entwicklungen in der Landwirtschaft rückten dabei auch die Technologie der Metallherstellung und die Herkunft der Metalle ins Blickfeld. Der Zweig der Montanarchäologie untersucht alte Bergwerke, Steinbrüche und die Anlagen zur Gewinnung (Verhüttung) und Weiterverarbeitung des Metalls. Parallel zur Erforschung des Alltagslebens entwickelte sich die sogenannte Archäometrie (Wagner 2007), die Anwendung naturwissenschaftlicher Methoden in der Archäologie, wodurch ganz neue Zusammenhänge aufgezeigt werden konnten. Geht es dabei um Metallartefakte oder zum Beispiel um Schlacken, das Abfallmaterial der Verhüttung, sprechen wir von Archäometallurgie. Die Schlacken geben Hinweise auf die Bedingungen im Ofen und die Art der Erze. Eine Analyse der Metallartefakte kann Hinweise auf die Herkunft der Metalle beziehungsweise Erze geben, die nicht selten aus großer Entfernung stammten. Dies wiederum ermöglicht Rückschlüsse auf frühe Handelsrouten. Die beiden relativ jungen Wissenschaftszweige Archäometallurgie und Montanarchäologie sind die Schnittmenge zwischen Archäologie, Mineralogie und Montanwesen, hier treffen sich also eine Geisteswissenschaft, eine Naturwissenschaft und eine auf technische Verfahren zielende Wissenschaft.

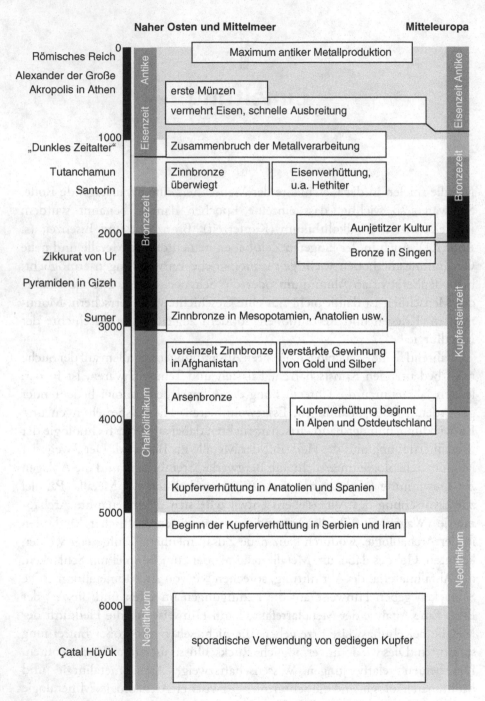

Abb. 1.1   Zeitskala der frühen Metallurgie von der Steinzeit bis zur Antike; die Bronzezeit ist eingeteilt in Frühe, Mittlere und Späte Bronzezeit

Die Forschung der letzten Jahrzehnte hat freilich dazu geführt, dass sich manche einst als grundlegend geltende Hypothesen als falsch herausgestellt haben. Dazu zählt die Annahme, dass der technologische Fortschritt quasi Stufe für Stufe die Erzeugung neuer Metalle ermöglichte, die entsprechend überall in der immer gleichen Reihenfolge aufeinanderfolgten: Als Erstes nutzte der Mensch demnach Metalle, die bereits als solche in elementarer Form in der Natur auftreten, insbesondere gediegen Kupfer. Darauf folgte die Erzeugung von Kupfer aus oxidischen Kupfererzen (s. Abschn. 2.2), die leicht zu verhütten sind, später auch die Verhüttung von Kupfersulfiden. Arsenbronze (s. Abschn. 2.4) war ein wichtiger Zwischenschritt vor der Erfindung von Bronze, einer Legierung aus Kupfer und etwas Zinn. Und schließlich folgte wesentlich später das vermeintlich überlegene Eisen. Die regionalen Besonderheiten zeigen aber, dass die Entwicklung nicht überall diesem Muster folgte. Die Reihenfolge stimmt für manche Regionen – insbesondere für die südliche Levante (Israel, Jordanien) und Mesopotamien, auf deren Erforschung die genannte Reihenfolge beruht –, in anderen ist die Reihenfolge aber unterschiedlich, oder es werden bestimmte Schritte übersprungen. Das gilt insbesondere, wenn wir den Horizont über Europa und den Nahen Osten hinaus erweitern und auch Afrika, China und Amerika einbeziehen. Es gibt zum Beispiel Regionen, in denen früh Eisen produziert wurde, während Bronze und Kupfer bis in die neuere Zeit unbekannt waren. Damit verschwimmt die Bedeutung eines Begriffs wie Bronzezeit, der sich zudem im Nahen Osten auf einen ganz anderen Zeitabschnitt bezieht als etwa in Europa, wo sie etwa 1000 Jahre später begann.

Besonders wichtig ist eine ganz neue Einschätzung zur Frage, wie sich neue Metalle auf die Gesellschaften auswirkten (zum Beispiel Yener 2000; Thornton und Roberts 2009; Roberts et al. 2009; Thornton et al. 2010). Früher glaubte man, dass erst Kupfer (s. Kap. 2), dann Bronze (s. Kap. 3) und später Eisen (s. Kap. 4) Materialien waren, die bei ihrer Einführung den bereits vorhandenen Materialien radikal überlegen waren. Dies soll zu plötzlichen kulturellen und sozialen Veränderungen geführt haben. Eliten konnten demnach ihre Macht gegenüber der untergebenen Bevölkerung ausbauen, und die jeweiligen Zivilisationen expandierten und eroberten mit ihren neuen Waffen die angrenzenden Regionen. Im Gegensatz dazu handelte es sich bei den frühen Metallobjekten niemals um Waffen, und die einzigen frühen Werkzeuge aus Metall waren Nadeln und Aalen, die aber auch aus Knochen hergestellt werden konnten. Vielmehr entstanden aus den neuen Metallen in kleinen Mengen Kultobjekte, Schmuck und Statussymbole, während die bereits vorhandenen Materialien weiterhin den Alltag beherrschten. Typischerweise dauerte es Jahrhunderte oder gar Jahrtausende, bis das nicht mehr ganz so neue Metall wirklich im Alltag angekommen war. Die Entwicklung der Metallurgie beeinflusste die Gesellschaft, während sich gleichzeitig die Gesellschaft auf die Weiterentwicklung der Metallurgie auswirkte. Offensichtlich spielten die regional unterschiedlichen Gewohnheiten und Bedürfnisse der Menschen, ihre mythischen und religiösen Vorstellungen und selbst die Ästhetik eine wichtige Rolle dabei, wie schnell und auf welche Weise neue Materialien adaptiert wurden. Metalle waren eine wichtige Innovation neben anderen Erfindungen wie dem Rad, dem Pflug oder der Domestizierung und Züchtung von Tieren.

Vom Bergwerk bis zum fertigen Objekt ist schwere körperliche Arbeit notwendig. Von Bedeutung war daher auch, wie viel Arbeitszeit eine Gesellschaft für die Metallgewinnung anwenden konnte. Anfangs war die Suche und Erzeugung von Metallen sicher eine Nebenbeschäftigung, aber selbst dies setzte voraus, dass die betreffenden Personen von der Gesellschaft unterstützt wurden. Eine ertragreiche und entwickelte Landwirtschaft machte es später möglich, dass sich bestimmte Menschen zu Experten der Metallurgie entwickelten, die mehr Zeit zum Experimentieren hatten und ihr Wissen weitergeben konnten. Mit zunehmender Produktion nahm die Arbeitsteilung beim Abbau der Erze und deren Aufbereitung, dem Transport, der Herstellung von Holzkohle, der Verhüttung und Weiterverarbeitung des Metalls zu. Wie die Arbeit organisiert war, hing wiederum von der jeweiligen Gesellschaft ab, nicht zuletzt davon, wie hierarchisch sie war. Zugleich entstanden in zunehmend komplexeren Gesellschaften neue Bedürfnisse, was die Entwicklung der Metallurgie beförderte. Andererseits gab es geschickte Handwerker, die mit den älteren Materialien vertraut und vielleicht dem neuen Material gegenüber skeptisch waren. Tatsächlich waren Kupfer und später Eisen im ersten Moment kaum für Waffen und Werkzeuge zu gebrauchen. Nur durch kontrollierte Bedingungen im Ofen und die richtigen Zutaten entstanden Legierungen wie Bronze und Stahl, die wirklich ganz neue Möglichkeiten eröffneten. Das Potenzial der neuen Materialien konnte sich erst mit der zunehmenden Erfahrung entfalten. Die einzelnen Zivilisationen fügten neue Materialien auf ihre eigene Weise in ihre Kultur ein und entwickelten die Technologie ihren Bedürfnissen und den erreichbaren Ressourcen entsprechend weiter. Hin und wieder gingen auch Kenntnisse verloren.

Lange Zeit glaubten Archäologen, dass sich zusammen mit Metallen die Idee der Zivilisation ausbreitete, und entsprechend suchten sie die „Wiege der Metallurgie". Vermutet wurde diese wahlweise in Mesopotamien (Irak und angrenzende Bereiche), Anatolien (Türkei), in der Ägäis und im Kaukasus. Inzwischen ist die Mehrzahl der Forscher der Ansicht, dass die meisten bahnbrechenden Erfindungen unabhängig voneinander an verschiedenen Orten gelangen und sich die Technologie von diesen Zentren aus weiter verbreitete.

Diese innovativen Zentren befanden sich nicht unbedingt in den „großen Zivilisationen", sehr wichtig waren auch Entwicklungen in den Bergregionen in deren Umgebung.

In entfernteren Regionen tauchten erst importierte exotische Objekte auf, bevor die Technologie folgte. Bei der Weitergabe des Wissens war die Migration von Handwerkern vermutlich ein wichtiger Faktor. Nomadenstämme, die sich das Wissen angeeignet hatten, sorgten für eine besonders schnelle Verbreitung. Auf diese Weise entstanden neue Zentren der Metallurgie, die selbst innovativ die Technologie weiterentwickelten.

Springen wir von der Frühzeit der Metallurgie in die Moderne, bietet sich natürlich ein völlig anderes Bild. Die Rüstungsindustrie war hier tatsächlich ein wichtiger Schrittmacher für die Entwicklung neuer Materialien, die zunächst in Kampfjets und U-Booten eingesetzt wurden, bevor sie später in zivilen Anwendungen Verwendung fanden. Innovativ ist aber auch die elektrotechnische Industrie, insbesondere in der Mikrosystemtechnik. Im Alltag verwenden wir immer mehr Produkte, die Metalle enthalten, deren Namen die meisten Benutzer noch nie gehört haben. Im Zentrum des Interesses steht natürlich keine Axt, deren Metallglanz nicht zu übersehen ist, sondern das Smartphone, dessen Inneres wie eine Blackbox funktioniert.

In der zunehmend globalisierten Welt spielt es keine Rolle, ob lokal bestimmte Rohstoffe vorhanden sind, solange es auf dem Weltmarkt verlässliche Partner gibt. Die Wirtschaft mancher Länder beruht überwiegend auf dem Bergbausektor, darunter so unterschiedlicher Staaten wie Kongo, Südafrika, Kanada und Australien. Einige Länder mit hoch entwickelter Industrie wie zum Beispiel Deutschland betreiben hingegen nahezu keinen Bergbau und sind auf Rohstoffimporte angewiesen. Weit mehr als ein Drittel der weltweiten Stahlproduktion findet heute in China statt, das große Mengen Eisenerz aus aller Welt importiert und dafür Stahl, Zwischenprodukte und fertige Produkte exportiert. Neue Materialien in neuen Produkten verbreiten sich mit der Geschwindigkeit von Containerschiffen über den gesamten Globus. Die Anzahl der genutzten Metalle hat sich in den letzten zwei Jahrhunderten vervielfacht und umfasst einen großen Teil des Periodensystems der Elemente. Die sogenannten Hightech-Metalle ermöglichten Anwendungen, die nicht immer auf den ersten Blick mit Metallen zusammenhängen.

1.1 Montanarchäologie und Archäometallurgie

Montanarchäologie bezeichnet die archäologische Untersuchung des Montanwesens, also von Bergwerken und Steinbrüchen, Halden und von Spuren der Erzaufbereitung, Verhüttung und Metallbearbeitung. Ausgrabungen in

alten Gruben können beispielsweise Hinweise auf die verwendete Abbau-
technik liefern, aber auch datierbare Reste wie Holz, Kohle oder Keramikscherben. Reste von Aufbereitungsanlagen, sortierten Erzen und Schlacken,
Werkzeugen, Öfen und Tiegeln geben Hinweise auf die Technologie der
Verarbeitung und Verhüttung. Diese Ausgrabungen sind die Basis für die
weitergehende Untersuchung von Schlacken und Metallartefakten mit naturwissenschaftlichen Methoden, was als Archäometrie beziehungsweise Archäometallurgie bezeichnet wird (Rehren und Pernicka 2008; Killick und Fenn
2012). Dabei geht es sowohl um die Rekonstruktion der damaligen Technologie als auch um die Art und Herkunft der Erze und Metalle, was wiederum
wichtig für die Rekonstruktion von Handelsrouten ist.

Es ist nicht leicht, die Art und Herkunft der Erze aus der Zusammen-
setzung von Metallartefakten zu entschlüsseln. Deren Spurenelemente
können Hinweise geben, etwa der typische „Fingerabdruck" von Fahlerzen
(Krause 2003) in vielen mitteleuropäischen Bronzeartefakten (s. Abschn. 2.4).
Der Verhüttungsprozess hat jedoch ebenfalls große Auswirkungen auf die
Zusammensetzung eines Metalls: Wichtig sind die Temperatur und die
Redoxbedingungen im Ofen sowie die Art und Menge zugesetzter Substanzen.

Mehr Informationen können aus den Schlacken, also dem Abfall der Verhüttung, und aus Zwischenprodukten wie der Matte (s. Abschn. 2.2) gewonnen werden, die in der Umgebung der alten Öfen ausgegraben werden.
Die Schlacke soll bei der Verhüttung Verunreinigungen aus dem Metall entfernen. Geschmolzene Schlacke entsteht beim Aufschmelzen aus den unbrauchbaren Bestandteilen des Erzes und aus den Zuschlagsstoffen. Auf das
Erz abgestimmte Zuschlagsstoffe helfen, ihren Schmelzpunkt zu verringern
und die Fließfähigkeit zu verbessern. Die Schlacke bildet eine eigene Schmelz-
schicht über der Metallschmelze; nachdem sie aus dem Ofen geflossen ist,
erstarrt sie zu dunklen, blumenkohlförmigen Klumpen. Diese bestehen aus
mikroskopisch kleinen Kristallen, bei denen es sich überwiegend um Silikatminerale handelt. Somit werden bestimmte Bestandteile des Erzes gewollt
oder ungewollt mit der Schlacke abgetrennt. Mineralogen können aus der
chemischen und mineralogischen Zusammensetzung Hinweise auf die verwendeten Erze und zugefügten Stoffe gewinnen und eventuell die Temperatur
und die Redoxbedingungen im Ofen ermitteln. Mit diesen Informationen
kann aus der Menge der in einer Ausgrabung gefundenen Schlacke auch auf
die Menge des dort produzierten Metalls geschlossen werden.

Was die Herkunft von Metallen angeht, ist eine Untersuchung der Bleiisotope am aussagekräftigsten. Die Verhältnisse von ^{204}Pb, ^{206}Pb, ^{207}Pb und
^{208}Pb sind wie ein Fingerabdruck, der mit den entsprechenden Daten von
Erzproben unterschiedlicher Herkunft verglichen wird. Das funktioniert, da
sich die Isotopenverhältnisse beim Verhütten nicht ändern. Inzwischen gibt

es Datenbanken, in denen die Isotopendaten von sehr vielen Vorkommen gesammelt wurden. In Objekten aus Silber, Kupfer oder Kupferlegierungen ist Blei in ausreichender Menge enthalten, bei diesen Metallen funktioniert die Methode sehr gut. Das Ergebnis ist nicht immer ganz eindeutig, weil sich die Fingerabdrücke mancher Erzvorkommen zu sehr ähneln – umso mehr, je weiter der Radius um infrage kommende Minen gezogen wird. Auf jeden Fall können sehr viele potenzielle Minen ausgeschlossen werden, manchmal können wir sogar folgern, dass mit großer Wahrscheinlichkeit ein bestimmter Teil eines großen Bergbaureviers das Erz geliefert hat.

Eine weitere Schwierigkeit ist, dass es sich nicht immer um Metall handelt, das von einer einzigen Lagerstätte stammt. Wir müssen zum Beispiel davon ausgehen, dass auch Schrott eingeschmolzen und recycelt wurde. Das Blei in Bronze ermöglicht Aussagen über die Herkunft des Kupfers, für das Zinn gibt es leider noch keine entsprechende Methode. Immerhin können die Zinnisotope in korrodierten Bronzeobjekten zuverlässig klären, ob es sich um Originale oder um Fälschungen handelt (Nickel et al. 2011).

Die Herkunft von Gold kann mithilfe der Osmiumisotope ermittelt werden (Junk und Pernicka 2003). Gold enthält oft mikroskopisch kleine Einschlüsse von Platin, zusammen mit anderen Platingruppenelementen wie Osmium. Das Verhältnis $^{187}Os/^{188}Os$ der Einschlüsse hängt von der Art des primären Goldvorkommens ab. In Flüssen sammeln sich Goldflitter mit den verschiedensten $^{187}Os/^{188}Os$ an, werden aber sehr viele Einschlüsse gemessen, erhalten wir einen statistischen Fingerabdruck für das Vorkommen. Bei der Herstellung von Goldmünzen und anderen Artefakten bleibt diese Variabilität der Einschlüsse innerhalb der Münze erhalten. Für die Messung wird ein Laserstrahl auf den Einschluss geschossen, wobei eine winzige Menge verdampft. Der zurückbleibende Krater ist mit bloßem Auge nicht sichtbar. Allerdings gibt es bisher noch keinen großen Datensatz der Lagerstätten, mit dem das Ergebnis verglichen werden könnte.

Die mikroskopisch kleinen Strukturen des Metalls schließlich geben uns Hinweise auf die Metallbearbeitung und auf den Gebrauch von Werkzeugen. Im mikroskopischen Maßstab bestehen Legierungen aus sogenannten Kristalliten, deren Form und Gefüge sich beim Gießen, Hämmern und Schmieden verändern.

Wie auch in anderen Bereichen der Archäologie ist eine zuverlässige Datierung von Metallobjekten, Öfen und Werkstätten wichtig, um die technologische Entwicklung und den Austausch von Ideen zwischen verschiedenen Regionen zu vergleichen. Bei einer ungestörten Stratigrafie einer Ausgrabung mit mehreren Siedlungsschichten kann das relative Alter angegeben werden. Leider ist das nicht immer der Fall, und viele Funde können nicht zuverlässig datiert werden.

Die Radiokarbonmethode (C14-Methode) erlaubt eine zuverlässige Datierung organischer Reste wie Holzkohlestücke, hölzerne Stützen in Bergwerken, Knochen, verkohlte Essensreste in Keramiken und manchmal auch Reste des Brennmaterials innerhalb einer Keramikscherbe. Das radioaktive Isotop ^{14}C zerfällt mit einer Halbwertszeit von 5730 Jahren. In der Atmosphäre ist jedoch das Verhältnis zwischen dem radioaktiven ^{14}C und dem häufigsten Kohlenstoffisotop, dem stabilen ^{12}C, nahezu konstant, da ^{14}C durch die Interaktion von kosmischer Strahlung mit Stickstoff ständig neu entsteht. Lebende Pflanzen nehmen das CO_2 aus der Atmosphäre auf und bilden Biomasse, deren Kohlenstoffisotopenverhältnis demjenigen der Atmosphäre entspricht. Sobald der Austausch mit der Atmosphäre unterbrochen ist – bei einem lebenden Baum ist das bereits im Inneren des Holzstamms der Fall – verändert sich das Isotopenverhältnis durch radioaktiven Zerfall, die Uhr beginnt zu ticken.

Das direkt aus dem Isotopenverhältnis berechnete Alter wird meist als „Jahre vor heute“, BP (*before present*), angegeben, wobei man das Jahr 1950 als „heute“ definiert, damit Messungen miteinander vergleichbar bleiben. Angegeben wird auch die statistische Genauigkeit der Angabe. Die Standardabweichung 1σ bedeutet, dass der richtige Wert mit einer Wahrscheinlichkeit von 68,2 % innerhalb des angegebenen Intervalls liegt, bei einer Angabe von 2σ mit einer Wahrscheinlichkeit von 95,4 %. Dieser Fehler beträgt in seltenen Glücksfällen ± 10 Jahre, meist liegt er in der Größenordnung von einigen Jahrzehnten, manchmal auch bei mehr als ± 100 Jahren.

Dabei handelt es sich allerdings noch nicht um das tatsächliche Alter, weil das Kohlenstoffisotopenverhältnis in der Atmosphäre im Verlauf der Jahrhunderte eben doch nicht ganz konstant war. Die Daten müssen also erst kalibriert werden. Hier helfen die Jahresringe von Bäumen weiter. Das Alter des Holzes eines frisch gefällten Baums kann Ring für Ring auf das Jahr genau abgezählt und mit dem gemessenen Wert verglichen werden. Damit kommt man schon weit, es gibt sehr alte Bäume wie zum Beispiel die knorrigen Kiefern (*bristlecone pines*) in den White Mountains in Kalifornien, die bis zu 5000 Jahre alt sind und noch immer leben. Wir können aber auch ältere Baumstämme verwenden. Jeder Baumring ist je nach den klimatischen Bedingungen des jeweiligen Jahres unterschiedlich dick, und so ergaben sich Muster, die wir von Stamm zu Stamm vergleichen können, um ältere Stämme unserem Archiv hinzuzufügen. Das wichtigste derartige Archiv hat die Universität Hohenheim aufgebaut: Die zum Teil in Kiesgruben gefundenen Stämme reichen lückenlos mehr als 10.000 Jahre zurück. Auf dieser Grundlage kann eine Kalibrationskurve erstellt werden. Mit dieser erhalten wir das kalibrierte Alter, das innerhalb der Fehlergrenzen dem wirklichen Alter der organischen Substanz entspricht. Es wird üblicherweise in unserer Kalenderrechnung, also als Jahre vor oder nach Christus, angegeben.

Das kalibrierte Alter wird immer als Zeitintervall angegeben, das wirkliche Alter liegt also mit einer gewissen Wahrscheinlichkeit irgendwo innerhalb des Intervalls. Leider hängt die Genauigkeit des Ergebnisses nicht nur von Statistik und der Messgenauigkeit im Labor ab, sondern auch von der Neigung der Kalibrationskurve für das entsprechende Alter. Von Weitem gesehen verläuft die Kurve fast gerade diagonal durch das Diagramm, bei näherer Betrachtung sehen wir ein ständiges leichtes Zittern. Immer wieder gibt es auch flache Passagen, an denen die Kurve von leichten Schwankungen abgesehen horizontal verläuft. Das bedeutet, dass ein Jahr auf der unkalibrierten Seite einem entsprechend langen Zeitraum auf der kalibrierten Seite entspricht.

Für uns ist ein 400 Jahre breites Plateau der Kalibrationskurve besonders problematisch, da es Datierungen in der frühen Eisenzeit quasi unmöglich macht. Ein unkalibriertes Alter von 2450 BP entspricht daher dem Zeitraum 800–400 v. Chr., auch wenn die Messung noch so genau war. Im dritten Jahrtausend v. Chr., was im Nahen Osten der frühen Bronzezeit entspricht, gibt es drei Plateaus, die jeweils etwa 200 Jahre lang sind. Das sogenannte *wiggle matching* ermöglicht es in seltenen Fällen, trotzdem eine genauere Angabe zu machen. Man misst dazu möglichst viele Baumringe eines Holzstücks und vergleicht die Ergebnisse mit dem Zittern der Kalibrierungskurve.

Die Datierung eines Holzkohlestücks gibt uns natürlich das Alter des Holzes an, was nicht zwangsläufig dem Alter des Ofens entspricht, in dem es verfeuert wurde. Da wir Metallobjekte und Bausteine nicht direkt datieren können, sind wir darauf angewiesen, sie relativ zu datierbaren Objekten einzuordnen, was eine ungestörte Stratigrafie voraussetzt.

Interessante Ergebnisse liefert auch die Untersuchung der Schwermetallkontamination in Seesedimenten. Der Beginn des Bergbaus oder eine Steigerung der Produktion lässt sich in den datierbaren Schichten leicht nachvollziehen. Selbst der hohe Verbrauch an Brennmaterial hinterließ Spuren, verschwindende Wälder lassen sich durch eine Analyse der im Sediment abgelagerten Pollen verfolgen.

Metallurgische Experimente sind ein weiterer Aspekt. Mit nachgebauten Öfen können wir die Technologie ausprobieren und deren Effektivität oder Probleme nachvollziehen. Wir können die Eigenschaften bestimmter Legierungen testen oder die Arbeitsschritte der Goldschmiedekunst rekonstruieren.

1.2 Grundlegende Eigenschaften von Metallen und Legierungen

Etwa 80 % aller Elemente zählen zu den Metallen. Neben diesen Elementen gehören auch Legierungen, Mischungen aus verschiedenen metallischen Elementen, zu den Metallen. Historisch wichtige Legierungen sind Bronze (Kupfer und etwas Zinn), Messing (Kupfer und etwas Zink) und Stahl (Eisen und etwas Kohlenstoff, meist mit weiteren Metallen wie Mangan, Chrom, Nickel).

Vier wichtige Eigenschaften zeichnen alle Metalle aus: ein starker metallischer Glanz, eine gute plastische Verformbarkeit (Duktilität), eine hohe Wärmeleitfähigkeit und eine hohe elektrische Leitfähigkeit. Diese Eigenschaften gehen letztlich auf die Anordnung der Atome und auf die zwischen diesen wirkende metallische Bindung zurück. Die Atome sind so dicht wie nur möglich angeordnet: Bei gleich großen Kugeln erhalten wir dabei die sogenannte dichteste Kugelpackung, die es in einer kubischen und einer hexagonalen Variante gibt. Die äußersten Elektronen der Atome werden sozusagen von allen Atomen geteilt und sind frei beweglich. Die beteiligten Atome haben die Oxidationsstufe 0, im Gegensatz zu Verbindungen mit ionischer oder kovalenter Bindung.

Diese Anordnung setzt sich aber nicht unendlich weit fort. Vielmehr ist ein Metallstück aus mikroskopisch kleinen Körnchen zusammengesetzt, die wir Kristallite nennen. Bei einer Legierung sind die zugefügten Elemente nicht etwa gleichmäßig verteilt, stattdessen erhalten wir verschiedene Phasen mit definierter Zusammensetzung in einem ganz bestimmten Kristallgitter. Diese sind durchaus mit den Mineralen eines Gesteins vergleichbar, wobei sich Form und Anordnung der Kristallite bei verschiedenen Bearbeitungs-methoden – Gießen, kaltes oder heißes Hämmern, Glühen und Abschrecken und so weiter – verändern.

Diese meist mit griechischen Buchstaben benannten intermetallischen Phasen haben eine mehr oder weniger feste stöchiometrische Zusammen-setzung. Das liegt daran, dass die verschiedenen Elemente unterschiedliche Atomradien haben und in einer Bindung beteiligte Elektronen unterschied-lich stark anziehen (Elektronegativität). Entsprechend können die Atome von zwei verschiedenen Metallen in bestimmten Verhältnissen besonders gut in eine dichte Anordnung gepackt werden. Im Gegensatz zu anderen Verbin-dungen mit exakten stöchiometrischen Verhältnissen sind die Zusammen-setzungen intermetallischer Phasen etwas variabler. Es gibt daher mehr oder weniger breite Phasenbereiche, deren Breite temperaturabhängig ist. Einige nur bei hoher Temperatur stabile Phasen wandeln sich beim Abkühlen in andere Phasen um.

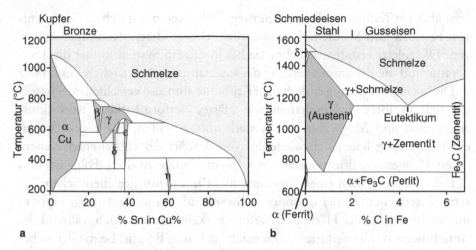

Abb. 1.2 Diese Phasendiagramme zeigen in Grau die Stabilitätsfelder von Phasen in Abhängigkeit von Temperatur und Zusammensetzung. Dazwischen liegen Felder (weiß), in denen mehrere Phasen zusammen auftreten. **a** System Kupfer-Zink (Bronze). Die α-Phase hat das Kristallgitter von reinem Kupfer, kann aber bis zu rund 10 % Zinn enthalten. Die β-Phase, in einem anderen Kristallgitter, hat nur eine geringe Breite mit etwa 24 % Zinn. Sie ist nur bei hoher Temperatur stabil und zerfällt beim Abkühlen in eine Mischung aus α und γ, während γ wiederum zu α und δ zerfällt. Die δ-Phase hat ziemlich genau die Zusammensetzung $Cu_{31}Sn_8$, die ϵ-Phase die Zusammensetzung Cu_3Sn_2 und so weiter. **b** System Eisen-Kohlenstoff (Stahl, Gusseisen). Die Hochtemperaturphase Austenit (γ-Eisen) kann wesentlich mehr Kohlenstoff enthalten als Ferrit (α-Eisen). Die Eisenphase Martensit ist nicht gezeigt, da sie nur metastabil auftritt. Der rechte Rand ist die Phase Zementit (Fe_3C). Perlit ist ein fein verwachsenes Gefüge aus Ferrit und Zementit

In Bronze (s. Abb. 1.2a) gibt es zwischen Kupfer und Zinn mehrere intermetallische Phasen, von denen einige nur bei hoher Temperatur stabil sind. α hat das Kristallgitter von reinem Kupfer, kann aber zwischen 0 und rund 10 % Zinn enthalten. Im Gegensatz dazu hat beispielsweise δ ziemlich genau die Zusammensetzung $Cu_{31}Sn_8$, was Kupfer mit 32,5 % Zinn entspricht.

In Stahl (s. Abb. 1.2b) können drei Phasen mit der Zusammensetzung Fe in unterschiedlichen Kristallgittern auftreten: Ferrit, Austenit und Martensit. Hinzu kommen Zementit (Fe_3C) und intermetallische Phasen mit zulegierten Metallen wie FeCr. Bei Raumtemperatur besteht ein einfacher Stahl aus Ferrit (α-Eisen) und Zementit. Durch bestimmte Legierungselemente wie Nickel, Mangan und Kobalt wird das Stabilitätsfeld der Hochtemperaturphase Austenit bis zur Raumtemperatur vergrößert. Martensit ist eine metastabile Phase in einem verzerrten Kristallgitter, die nur entsteht, wenn heißer Stahl mit Austenit so schnell abgeschreckt wird, dass die Umwandlung von Austenit zu Ferrit nicht mehr möglich ist. Das Phasenfeld mit Austenit und Schmelze zeigt einen weiteren Effekt bei Legierungen. In diesem Fall gibt es keinen definierten Schmelzpunkt, sondern ein Erstarren (beziehungsweise Aufschmelzen) über ein Temperaturintervall hinweg. Dabei verändert sich das Verhältnis von Feststoff und Schmelze kontinuierlich, ebenso deren Zusammensetzungen. Die zuletzt erstarrende Schmelze hat in diesem System immer die Temperatur und die Zusammensetzung des sogenannten eutektischen Punktes.

Die in einer Legierung enthaltenen Kristallite sind also verschiedene Phasen, die sich in ihren Eigenschaften wie Härte, Verformbarkeit, Korrosionsanfälligkeit und Magnetismus sehr stark unterscheiden. Die Eigenschaften einer Legierung leiten sich wiederum von der Art der enthaltenen Phasen, deren Mengenverhältnissen sowie von ihrem Gefüge ab. Eine Folge ist, dass sich die Eigenschaften einer Legierung nicht linear mit der chemischen Zusammensetzung verändern, sondern schwankend. Starke Änderungen gibt es hier nicht nur bei der Härte und Verformbarkeit, sondern auch während des Aufschmelzens oder Erstarrens. Das macht sich zum Beispiel beim Gießen bemerkbar: Dabei ist wichtig, ob die Schmelze bei einer bestimmten Temperatur oder über ein großes Temperaturintervall hinweg erstarrt, wie stark dabei die Änderung des Volumens ist und ob beim Abkühlen im Metall Spannungen und vielleicht auch Risse entstehen, wie dünnflüssig die Schmelze ist und wie leicht sie oxidiert.

In ihrer Neigung zu oxidieren und entsprechende Verbindungen zu bilden unterscheiden sich Metalle stark. Die Edelmetalle Platin, Gold und Silber werden kaum oxidiert, insbesondere Platin und Gold kommen in der Natur bevorzugt im elementaren Zustand vor. Eisen oxidiert hingegen leicht und korrodiert zu Rost aus Eisenoxiden und Eisenhydroxiden. Noch leichter oxidiert Zink, was aber bei diesem Metall durchaus eine gewünschte Eigenschaft ist, weil sich dies nicht in die Tiefe fortsetzt, sondern nur die Oberfläche betrifft. Daher können Metallobjekte durch Verzinken vor Korrosion geschützt werden.

1.3 Metallverarbeitung

Metalle können durch sehr unterschiedliche Methoden bearbeitet und verformt werden. Die Bearbeitung verändert das Gefüge der Kristallite, was wiederum Härte, Verformbarkeit und andere Eigenschaften beeinflusst. Beim kalten Bearbeiten kann das Metall härter werden, es entstehen aber auch Spannungen, und das Material wird immer spröder. Durch Hitzebehandlung oder bei heißer Bearbeitung (Warmumformung) entspannt sich das Gefüge. Bei hoher Temperatur lassen sich Metalle daher deutlich besser verformen.

Bei bestimmten Legierungen können Phasenumwandlungen ausgenutzt werden, die das Metall härter machen. Das ist insbesondere bei Stahl der Fall, er ist besonders hart, wenn die metastabile Eisenphase Martensit enthalten ist.

Dieser bildet sich bei vielen Stahlsorten, wenn das Stück geglüht und anschließend abgeschreckt wird. Das liegt daran, dass die Hochtemperaturphase Austenit deutlich mehr Kohlenstoff enthalten kann als der sehr reine Ferrit. Bei der Umwandlung von Austenit zu Ferrit muss der überschüssige Kohlenstoff aus der Phase diffundieren und Zementit bilden. Ist das so schnell nicht möglich, wird das Kristallgitter verzerrt, die metastabile Phase Martensit entsteht.

Der erste Schritt der Metallverarbeitung ist in der Regel das Gießen der Metallschmelze, entweder um die endgültige Form (Maschinenteile, Glocken, Äxte, Kanaldeckel) oder ein Zwischenprodukt (Barren, Blöcke, Stangen, Schmiederohlinge) zu erhalten. Einfache Formen können durch Gießen der Schmelze in Dauerformen erzeugt werden. Historisch begann dies mit einfachen, einteiligen Gussformen aus Stein, die oben offen waren. Für Barren und einfach geformte Beile reichen diese Formen aus. Später setzte man kompliziertere Formen aus mehreren Teilen zusammen, möglich sind auch Hohlformen, wenn ein entsprechender Kern eingesetzt wird. Schon in der frühen Bronzezeit konnten so zum Beispiel Beile in Serie produziert werden. Das Grundprinzip hat sich bis heute nicht geändert, wir haben aber deutlich größere Formen, die nicht mehr aus Stein, sondern üblicherweise selbst aus Metall bestehen.

Beim Guss in verlorene Formen sind kompliziertere Gebilde möglich, aber jede Form kann nur einmal verwendet werden. Schon sehr früh wandten verschiedene Kulturen das Wachsausschmelzverfahren an, bei dem sogar das Modell verloren geht. Dieses wird aus Wachs geformt und anschließend mit Ton oder einem anderen hitzebeständigen Material ummantelt. Nach Ausschmelzen des Wachses kann in den hinterlassenen Hohlraum geschmolzenes Metall gefüllt werden. Diese Methode eignet sich vor allem für kleinere, aber sehr detailreiche Objekte wie Figuren, wobei keine Serienproduktion möglich ist.

Für große Bronzeskulpturen oder Glocken sind Lehmformen besser geeignet. Für den Glockenguss nutzte man im Mittelalter mithilfe von Schablonen gebaute hohle Formen aus Lehmziegeln. Dies geschah in mehreren Schritten, als Erstes mauerte man den Kern der Form aus und umhüllte diesen mit einer fettigen Trennschicht. Darauf kam eine Lehmschicht, deren Form genau der späteren Glocke entsprach, gefolgt von einer weiteren Trennschicht. Das Ganze wurde abermals mit Lehm umhüllt. Anschließend hob man die äußere Form ab, entfernte die „falsche Glocke" aus Lehm und setzte die äußere Form wieder auf. Auf ähnliche Weise entstanden in China große gegossene Bronzegefäße.

Erst mit der industriellen Revolution konnten komplizierte Objekte in Serie gegossen werden. Beim Sandguss drückt man ein Modell in einen mit Sand, Kohlestaub und einem Bindemittel gefüllten Kasten.

Schmieden ist die freie Umformung von meist heißem Metall durch Druckanwendung mit Hammer und Amboss. Treiben bezeichnet eine kalte Umformung, wobei das Metall mit dem Hammer plastisch verformt (lokal gedehnt oder gestaucht) wird. So lassen sich Reliefs oder faltenlos verbogene Bleche herstellen. Je nach Bedarf liegt das Werkstück dabei auf einem Sandsack, auf dem Amboss, auf einem speziell geformten Schlagstempel (Punze) oder in einer Mulde. Eine besonders feine, zum Verzieren dienende Treibarbeit ist das Ziselieren, bei dem mithilfe von Sticheln und Punzen feine Ornamente erzeugt werden. Das Gravieren unterscheidet sich davon, indem mit einem Stichel Metallspäne abgetragen werden. Für das Prägen von Münzen wird ein Rohling aus Blech ausgestanzt. Dieser wird kalt zwischen zwei Stempel geklemmt, die mit Kraft in das Metall gedrückt werden.

Verschiedene Verfahren dienen dazu, mehrere Metallstücke miteinander zu verbinden. Bleche können gelocht und mit Nieten, plastisch verformbaren Verbindungselementen, zusammengehalten werden. Beim Schweißen werden die Werkstücke entlang der Naht angeschmolzen und zusammengefügt. Das kann im Schmiedefeuer geschehen, in der Gasflamme eines Schweißgeräts, mit einem Laser oder heißen exothermen Reaktionen (Thermitschweißen). Beim Löten wird hingegen eine spezielle Legierung mit sehr niedrigem Schmelzpunkt („Lötzinn") verwendet, während die Werkstücke selbst fest bleiben.

Viele der genannten Verfahren waren bereits in der Bronzezeit bekannt, während in den folgenden Jahrtausenden wenig Neues hinzukam, was sich erst mit der industriellen Revolution änderte. Ein Beispiel ist das Walzen von Blöcken zu Blechen, Folien, Bändern, Drähten und Schienen. Metallstücke können auch durch Matrizen gedrückt oder mit Stempeln in Formen gepresst werden. Auf einer Kantbank kann Blech leicht verbogen werden. Zusammen mit der zunehmenden Automatisierung können mit sinkendem Arbeitsaufwand immer größere Stückzahlen in Serie produziert werden.

1.4 Metalle und ihre Erze

Nach einer gängigen Definition ist ein Erz ein Mineralgemenge beziehungsweise Gestein, das aus ökonomischem Interesse abgebaut werden kann. Üblicherweise geht es dabei um die Gewinnung von Metallen. Der Begriff umfasst also nicht nur die Erzminerale selbst, sondern auch die Gesteine, die mehr oder weniger große Mengen dieser Erzminerale enthalten. Erz enthält also auch unbrauchbare Minerale, die von Bergleuten als Gangart bezeichnet wurden. Der typische Erzgrad, also der Gehalt des jeweiligen Metalls im Gestein, ist je nach Metall sehr verschieden. Nach heutigen Maßstäben enthält Eisenerz mindestens 50 % Eisen, Blei-Zink-Erz enthält jeweils wenige Prozent Blei und Zink, Kupfererz kann sich schon mit 0,5 % Kupfer lohnen

Abb. 1.3 Gediegen Kupfer: natürliches Kupferblech aus der White Pine-Mine in Michigan, USA. Foto: Florian Neukirchen/Mineralogische Sammlung der TU Berlin

und bei Gold geht es schon bei 0,0001 % los. Häufig enthält eine Lagerstätte mehrere Metalle, es handelt sich dann um polymetallische Erze. In der Regel ist dann eines der Metalle wirtschaftlich am bedeutendsten, und die anderen können als Nebenprodukt abgetrennt werden. Ein Vorkommen von Erzen ist eine Lagerstätte.

Was wirtschaftlich abgebaut werden kann, hängt natürlich von den aktuellen Marktpreisen genauso ab wie von der Größe der Lagerstätte, vom Metallgehalt des Erzes und von der Schwierigkeit, das Erz abzubauen und das Metall daraus zu gewinnen. Ein Abbau mit großen Maschinen stellt natürlich ganz andere Anforderungen als der historische Abbau in Handarbeit. Entsprechend waren für frühe Menschen Vorkommen attraktiv, die einen hohen Erzgrad hatten und direkt an der Erdoberfläche aufgeschlossen waren, auch wenn sie nach heutigen Maßstäben viel zu klein wären. Heute bauen wir oft Erze mit einem geringen Metallgehalt ab, die früher nicht als Erz angesehen worden wären.

Nur wenige Metalle und Halbmetalle kommen in der Natur in elementarer Form, also gediegen vor: Platin, Gold, Silber, Kupfer (s. Abb. 1.3), Antimon, Arsen und sehr selten einige andere. Die Edelmetalle Gold und Platin kommen sogar bevorzugt gediegen vor, während die anderen meist in Form von Verbindungen auftreten. Das Metall muss also durch eine chemische Reaktion aus den entsprechenden Erzmineralen gewonnen werden. Das geschieht meist in einem speziellen Ofen und wird als Verhüttung (*smelting*) bezeichnet.

Vor der Verhüttung muss das Erz in der sogenannten Aufbereitung erst zerkleinert und sortiert werden. Dies geschieht generell direkt am Bergwerk, da durch Aussortieren der unbrauchbaren Minerale ein leichter transportierbares Erzkonzentrat erzeugt wird. Heute erfolgt die Aufbereitung natürlich mit automatischen Maschinen, lange Zeit war sie aber Handarbeit.

Im Verhüttungsofen wird das Erz mithilfe von Kohlenmonoxid reduziert, wobei der genaue Prozess für die jeweiligen Metalle unterschiedlich ist. Neben dem Metall entsteht im Ofen in der Regel auch eine Schlacke, eine silikatische Schmelze, die sich aus den unbrauchbaren Gangarten, Verunreinigungen der Erzminerale und aus eigens zu diesem Zweck zugegebenen Stoffen zusammensetzt. Diese Schmelze hat eine geringere Dichte als das Metall und ist nicht mit der Metallschmelze mischbar. Im Ofen bildet sich daher eine Schicht mit geschmolzenem Metall, darüber eine mit der flüssigen Schlacke, auf der wiederum Kohlereste schwimmen. Lässt man die heiße Schlacke ausfließen, erstarrt sie zu einem festen, dunklen Material. Wir werden sehen, dass für manche Schritte der Verhüttung nicht ein Ofen mit reduzierenden, sondern mit oxidierenden Bedingungen notwendig ist: beim Rösten von Sulfiderzen (s. Abschn. 2.2), bei der Silbergewinnung im Kupellationsverfahren (s. Abschn. 4.7) und beim Umwandeln von Roheisen zu Stahl (s. Abschn. 4.2). Neben der Verhüttung im Ofen gibt es noch ganz andere Verfahren, zum Beispiel die elektrochemische Reduktion von Aluminiumerz (s. Abschn. 6.4), was aber erst sehr spät in der Geschichte aufkommt.

Die wichtigsten Erzminerale sind Sulfide (für Kupfer, Zink, Blei, Silber, Nickel) und Oxide (für Eisen, Mangan, Aluminium, Chrom, Titan, Zinn, Niob, Tantal). Karbonate (Malachit, Azurit, Siderit, Cerussit) lassen sich ebenfalls gut verarbeiten und vor allem die Kupferkarbonate Malachit und Azurit waren in der Frühgeschichte von großer Bedeutung. Vereinzelt werden auch Minerale aus anderen Mineralgruppen verwendet.

Für viele Metalle einschließlich Kupfer gilt, dass die primären Erzminerale, die während der Entstehung der Lagerstätte durch magmatische oder hydrothermale Prozesse gebildet wurden, Sulfide sind: Das häufigste Kupfererz ist das Kupfer-Eisen-Sulfid Chalkopyrit (Kupferkies, $CuFeS_2$), das üblicherweise zusammen mit weiteren Mineralen wie Bornit (Buntkupferkies, Cu_5FeS_4) vorkommt. Fahlerze, $Cu_{12}(As, Sb)_4S_{13}$, sind ebenfalls relativ häufige Kupfererze, die auch Arsen und Antimon enthalten und zudem einen hohen Gehalt an Silber und anderen Metallen haben können. Viele Sulfide besitzen einen starken metallischen Glanz und ähneln zumindest dem Aussehen nach bereits einem Metall.

Durch die Verwitterung und Oxidation nahe der Erdoberfläche werden die primären Erzminerale durch sekundäre Minerale ersetzt, es bildet sich eine sogenannte Oxidationszone (*gossan*). Die sekundären Minerale der Oxidationszone, die sogenannten „oxidischen Erze", sind Metalloxide, Hydroxide, Karbonate, Sulfate, Arsenate und andere Minerale. Bei der Entstehung der Oxidationszone geht das Kupfer zunächst in Wasser in Lösung, das Fe^{2+} wird dabei zu Fe^{3+} oxidiert, das nicht lösbar ist und in Form von Eisenoxiden und Eisenhydroxiden zurückbleibt. Etwas tiefer wird das Kupfer nahe des Grundwasserspiegels wieder ausgefällt und bildet, dem Sauerstoffgehalt und anderen Parametern entsprechend, verschiedene Kupferminerale. Die häufigsten

„oxidischen" Kupfererze sind die Kupferkarbonate Malachit und Azurit. Malachit, $Cu_2[(OH)_2|CO_3]$, ist intensiv grün gefärbt und vielen aus dem Kunsthandwerk bekannt, besonders spektakulär sind die mit Malachit bedeckten Säulen in der Sankt-Isaaks-Kathedrale in Sankt Petersburg. Der nicht ganz so häufige Azurit, $Cu_3[(OH)_2|CO_3]$, ist hingegen azurblau und wurde oft als Farbpigment verwendet. Das orangerot bis schwarz gefärbte Kupferoxid Cuprit (Cu_2O) ist weniger verbreitet, aber in manchen Lagerstätten wichtig. Unter bestimmten Bedingungen kann in der Oxidationszone auch gediegen Kupfer (Cu) entstehen. Noch etwas tiefer befindet sich zwischen der Oxidationszone und den primären Erzen die sogenannte Zementationszone, in der sich Kupfer in Sulfiden anreichert. Sie enthält daher besonders kupferreiche Sulfidminerale wie Covellin (Kupferindig, CuS) und Chalkosin (Kupferglanz, Cu_2S). Eine einzige Lagerstätte besteht somit aus Zonen mit unterschiedlichen Erzen, die unterschiedliche Verfahren der Metallgewinnung erfordern. Für die Frühgeschichte ist die Oxidationszone nahe der Erdoberfläche von großer Bedeutung, da das oxidische Erz wesentlich leichter verhüttet werden kann als die Sulfide (s. Abschn. 2.2).

Der relativ häufige Galenit (Bleiglanz, PbS) ist nicht nur ein Bleierz, sondern zugleich das wichtigste Silbererz, da er oft im Prozentbereich Silber enthält. Er kommt häufig zusammen mit dem Zinkerz Sphalerit (Zinkblende, ZnS) vor. Die alte Bergmannsbezeichnung „Blende" bezog sich auf Minerale, die wie Erze aussahen, aus denen aber früher keine Metalle gewonnen werden konnten: Das Metall Zink ist eine relativ späte Entdeckung (s. Abschn. 4.8).

Die wichtigsten Eisenerzminerale sind Hämatit (Fe_2O_3) und Magnetit (Fe_3O_4), außerdem gibt es Eisenhydroxide wie Goethit (FeOOH). Braune erdige Massen aus Eisenhydroxiden werden als Limonit bezeichnet. Kassiterit (Zinnstein, SnO_2) ist das wichtigste Zinnerz.

1.5 Drei Lagerstättentypen

Geologen unterscheiden eine große Anzahl an Lagerstättentypen (Neukirchen und Ries 2014), die auf sehr unterschiedliche Weise entstanden sind. Die grundlegenden Prozesse sind Magmatismus, also das Aufschmelzen und Erstarren von Gestein, hydrothermale Systeme, also das Ausfällen von Mineralen aus heißen wässrigen Lösungen, sowie Erosion und Ablagerung. Exemplarisch werden hier drei Lagerstättentypen vorgestellt, die bereits in der Frühgeschichte von großer Bedeutung waren.

Sogenannte Seifenlagerstätten (kurz Seifen) sind Ablagerungen von schweren und verwitterungsresistenten Mineralen an bestimmten Stellen im Flussbett oder an Stränden, was insbesondere dort der Fall ist, wo sich die Strömungsgeschwindigkeit ändert. Wichtige Minerale, die hier gefunden werden können, sind gediegen Gold in Form von feinen Flittern oder größeren Nuggets, das Zinnerz Kassiterit und diverse Edelsteine. Die einfachste Möglichkeit der Förderung ist das Waschen mit einer Waschpfanne: Etwas Kies wird zusammen mit Wasser in eine flache Schüssel gegeben. Bei kreisenden Bewegungen schwappt Wasser zusammen mit leichteren Steinen aus der Schüssel, die schweren Minerale bleiben zurück. Seifen sind sogenannte sekundäre Lagerstätten: Das Material stammt ursprünglich aus dem festen Gestein, das flussaufwärts abgetragen wurde.

Ein anderer wichtiger Lagerstättentyp sind hydrothermale Adern und Gänge. Sie entstehen, indem in einer Spalte verschiedene Minerale aus heißem Wasser ausgefällt werden. Die Gänge enthalten neben Erzmineralen vor allem Minerale wie Quarz, Fluorit, Baryt oder Karbonate, die früher unbrauchbar waren und die als Gangarten bezeichnet werden. Die Größenordnung reicht von haarfeinen Äderchen bis zu einige Meter breiten Gängen, die sich über Hunderte Meter oder wenige Kilometer verfolgen lassen. Ein Gang kommt selten allein, meist handelt es sich um Gangsysteme mit vielen neben- und hintereinander gestaffelten Gängen. Bei breiten Gängen dürfen wir uns nicht eine entsprechend breite Spalte vorstellen, vielmehr liefen Öffnung und Ausfällung gleichzeitig ab. Häufig handelt es sich um mehrere Generationen von Erzen, weil die Öffnung und Ausfällung episodisch stattfand. Auslöser der Ausfällung ist nicht unbedingt die Abkühlung des Wassers, sondern meist eine Änderung von Parametern wie dem pH-Wert, was in vielen Fällen auf die Vermischung von Wasser mit unterschiedlicher Herkunft zurückgeht. Welche Minerale ausgefällt werden, hängt von den genauen Bedingungen wie pH-Wert und Temperatur ab, aber natürlich auch davon, welche Stoffe im Wasser gelöst waren. Entsprechend gibt es sehr unterschiedliche hydrothermale Gänge. Wichtig sind zum Beispiel Quarzgänge, die etwas Gold enthalten. Bei vielen frühen Silberbergwerken handelte es sich um Blei-Silber-Zink-Gänge mit silberhaltigem Galenit (PbS) und Sphalerit (ZnS). Es gibt Eisen-Mangan-Gänge mit Hämatit (Fe_2O_3) und Manganoxiden und andere mit dem Eisenkarbonat Siderit. Neben solchen einfachen Kombinationen gibt es auch polymetallische Gänge mit vielen verschiedenen Metallen, zum Beispiel Kobalt-Nickel-Arsen-Silber-Bismut-Uran und viele weitere Kombinationen. Häufig ändert sich die Zusammensetzung der Erze mit der Tiefe (Teufenunterschied): Im Erzgebirge nimmt der Silbergehalt mit der Tiefe ab, der Gehalt an Uran und Kobalt nimmt zu, was Bergleute früher auf die Wirkung von Kobolden zurückführten.

Hydrothermale Lagerstätten können nicht nur innerhalb der Erdkruste entstehen, sondern zum Beispiel auch am Meeresboden. An untermeerischen Vulkanen gibt es bizarre heiße Quellen, die Schwarzen Raucher. Das austretende heiße Wasser wird schlagartig abgekühlt, und es werden so große Mengen an Sulfiden und Sulfaten ausgefällt, dass eine schwarze Fahne über der Quelle aufsteigt, die an Rauch erinnert. An der Quelle bilden die ausgefällten Minerale schornsteinähnliche Gebilde. Mit der Zeit sammeln sich aus kollabierten Schornsteinen und den absinkenden feinen Mineralkörnchen größere Hügel an, die überwiegend aus massiven Eisen-Kupfer-Blei-Zink-Sulfiden und den Sulfaten Anhydrit und Baryt bestehen. Der Temperaturgradient im Inneren des Sulfidhügels bewirkt, dass sich durch Remobilisierung und Wiederausfällung der Metalle eine Zonierung ausbildet, mit dem Kupfererz Chalkopyrit im heißen Bereich, gefolgt vom Zinkerz Sphalerit und dem Blei-Silber-Erz Galenit im kühlen Bereich. Diese Minerale sind durch ihre unterschiedliche Farbe leicht zu unterscheiden. Die verschiedenen Metalle können daher schon bei Abbau und Aufbereitung der Erze relativ leicht getrennt werden. Die Bewegung der Kontinente kann dazu führen, dass Stücke des Ozeanbodens zusammen mit den Resten solcher Schwarzen Raucher in ein Gebirge eingebaut werden und dort eine leicht erreichbare Lagerstätte bilden. Diese Lagerstätten werden als vulkanogene massive Sulfide (VMS) bezeichnet; es handelt sich um wichtige Vorkommen von Kupfer, aber auch von Blei, Zink, Gold und Silber. Besonders wichtig ist in diesem Zusammenhang die Schließung des ehemaligen Ozeans Tethys. Die Nähte dieser Gebirgsbildung ziehen sich von den Alpen über den Balkan, die Türkei, den Kaukasus, den Iran bis zum Himalaya. Besonders viele VMS-Lagerstätten gibt es in Anatolien (darunter Ergani Maden, eine der frühesten Kupferminen), im Kaukasus, in Oman, auf Zypern und auf dem Balkan. Diese Vorkommen waren in der Kupfer- und Bronzezeit von entscheidender Bedeutung. Die weltweit stärkste Ansammlung von massiven Sulfiden ist jedoch der Iberische Pyritgürtel in Südspanien und Portugal, der in der römischen Antike in großem Stil ausgebeutet wurde.

Literatur

Junk, S. A., und E. Pernicka. 2003. An assessment of osmium isotope ratios as a new tool to determine the provenance of gold with platinum-group metal inclusions. *Archaeometry* 45:313–331.

Killick, D., und T. Fenn. 2012. Archaeometallurgy: The study of preindustrial mining and metallurgy. *Annual Reviews of Anthropology* 41:559–575.

Krause, R. 2003. *Studien zur kupfer- und frühbronzezeitlichen Metallurgie zwischen Karpartenbecken und Ostsee.* Rahden: Marie Leidorf.

Neukirchen, F., und G. Ries. 2014. *Die Welt der Rohstoffe. Lagerstätten, Förderung und wirtschaftliche Aspekte.* Berlin: Springer Spektrum.

Nickel, D., M. Haustein, T. Lampke, und E. Pernicka. 2011. Identification of forgeries by measuring tin isotopes in corroded bronze objects. *Archaeometry* 54:167–174.

Rehren, T., und E. Pernicka. 2008. Coins, artefacts and isotopes – archaeometallurgy and archaeometry. *Archaeometry* 50:232–248.

Roberts, B. W., C. P. Thornton, und V. C. Pigott. 2009. Development of metallurgy in Eurasia. *Antiquity* 83:1012–1022.

Thornton, C. P., und B. W. Roberts. 2009. Introduction: The beginnings of metallurgy in global perspective. *Journal of World Prehistory* 22:181–184.

Thornton, C. P., J. M. Golden, D. J. Killick, V. C. Pigott, T. H. Rehren, und B. W. Roberts. 2010. A Chalcolithic error: Rebuttal to Amzallag 2009. *American Journal of Archaeology* 114:305–315.

Wagner, G. A., Hrsg. 2007. *Einführung in die Archäometrie.* Berlin: Springer.

Yener, K. A. 2000. *The domestication of metals. The rise of complex metal industries in Anatolia.* Leiden: Brill.

2

Das erste Kupfer

Kupferminerale waren dem Menschen schon früh bekannt, insbesondere die intensiv gefärbten Minerale Malachit und Azurit. Der erste sporadische Gebrauch von gediegen Kupfer, also natürlich vorkommendem Metall, ist aus dem Nahen Osten dokumentiert; er begann bereits zu Beginn des Neolithikums. Im anschließenden Chalkolithikum (Kupferzeit) wurden bereits viele grundlegende Bearbeitungsprozesse entwickelt und immer komplexere Objekte hergestellt, dennoch blieben Steinwerkzeuge wesentlich wichtiger. Erst in der Bronzezeit erreichten Metalle eine größere gesellschaftliche Bedeutung. Die langsame Adaption des Materials und die Entwicklung der grundlegenden Verarbeitungsverfahren zogen sich über mehrere Jahrtausende hin.

2.1 Die Anfänge in der Steinzeit

Im Paläolithikum (Altsteinzeit) entwickelten Menschen eine beeindruckende Geschicklichkeit in der Bearbeitung von Steinen, aus denen Klingen und Faustkeile geschlagen wurden. Feuerstein (auch Flint, Silex oder Chert genannt) und andere mikrokristalline SiO_2-Varietäten wie Achat, Jaspis und Karneol standen im Zentrum der steinzeitlichen Technologie. Sie sind hart und lassen sich zu scharfen Klingen verarbeiten. Im Verlauf der Steinzeit wurden unterschiedliche Techniken zur Herstellung von Steinklingen verwendet, sodass diese anhand ihrer Form zeitlich eingeordnet werden können. Vereinzelt begannen Menschen bereits im Jungpaläolithikum mit dem unterirdischen Bergbau. In Ägypten wurde eine Grube mit einem kurzen Stollen ausgegraben, der Abbau von Feuerstein unter Tage begann dort bereits im Jungpaläolithikum vor 33.000 Jahren (Vermeersch et al. 1984).

Neben Steinen, die zur Verarbeitung zu Klingen und Beilen geeignet waren, nutzten Menschen damals auch andere Materialien wie Knochen und Elfenbein. Außerdem sammelten sie Gegenstände, die sie schön fanden, wie Muscheln oder bunte Steine, und sie verwendeten farbige Minerale als Farbpigmente. In der sogenannten Oxidationszone von Kupferlagerstätten, die sich nahe der Oberfläche über den primären Erzen ausbildet, finden sich attraktiv gefärbte Minerale, insbesondere der intensiv grüne Malachit und der azurblaue Azurit, die bereits zum Ende des Paläolithikums als Farbpigment genutzt wurden.

Zum Ende der letzten Kaltphase der Eiszeiten setzte vor etwa 11.600 Jahren ein schneller Klimawandel ein, der neue Bedingungen für den Menschen schuf. Im sogenannten Fruchtbaren Halbmond, der Region, die sich vom Persischen Golf über Mesopotamien (das „Zweistromland" mit Euphrat und Tigris, heute Irak und angrenzende Regionen), über die Südtürkei und Syrien bis nach Israel zieht, hatte zu dieser Zeit bereits der langsame Wandel von Jägern und Sammlern zu sesshaften Bauern begonnen. Damit trat die Menschheit in das Neolithikum (Jungsteinzeit) ein.

Die ersten größeren Siedlungen gab es bereits im 10. Jahrtausend v. Chr., darunter Jericho im Jordantal und Çayönü Tepesi (Türkei) am Südrand des Taurusgebirges. In Göbekli Tepe (Türkei) entstand die erste große Tempelanlage. In den folgenden zwei Jahrtausenden begann man am oberen Euphrat, wilde Gräser anzubauen, und die ersten Hirten zogen mit Schafen und Ziegen durch das Zagrosgebirge. In diesen Zeitraum fällt bereits der erste sporadische Gebrauch von gediegen Kupfer und Kupfererzen als Schmuck, was allerdings ein Randphänomen blieb.

Zunächst war im Neolithikum aber die Ausbreitung von Obsidian als Werkstoff wichtiger. Dabei handelt es sich um ein natürliches Glas, das entsteht, wenn SiO_2-reiches Magma mit geringem Gasgehalt als zähflüssige Masse aus einem Vulkanschlot gepresst wird. Klingen aus Obsidian sind noch schärfer als Feuersteinklingen, allerdings auch zerbrechlicher. Da Obsidian nicht sehr verbreitet ist, kann die Herkunft einer Obsidianklinge anhand der Zusammensetzung des Materials ermittelt werden. Daher wissen wir, dass Obsidian zum Teil Hunderte von Kilometern von den Vorkommen entfernt verwendet wurde; es muss also bereits einen entsprechenden Fernhandel gegeben haben.

Die ältesten Funde von Schmuckperlen aus dem grünen Kupfermineral Malachit stammen aus dem Proto-Neolithikum, ganz zu Beginn der beschriebenen Umwälzung. Fundstätten aus dem 11. bis 9. Jahrtausend sind Rosh Horesha (Israel), die Shanidar-Höhle im irakischen Teil des Zagrosgebirges und mehrere Orte in Anatolien. Ein bekannter früher Fund aus der Shandidar-Höhle ist ein Anhänger aus Malachit aus dem 9. Jahrtausend. Da in derselben Schicht auch Obsidianklingen gefunden wurden, die vom Vansee in Ostanatolien stammen, könnte es sich bei dieser Malachitperle um einen Import aus Anatolien handeln (Yener 2000). Im Gegensatz zum Paläolithikum, in dem Steine mit unterschiedlichen Farben genutzt wurden, scheinen Menschen während der ersten Entwicklung der Landwirtschaft im frühen Neolithikum grüne Steine bevorzugt haben (Bar-Yosef Mayer und Porat 2008): Weitere Ausgrabungen förderten auch Perlen aus anderen grünen Mineralen zutage, die zum Teil ebenfalls aus größerer Entfernung stammen müssen. Vermutlich förderte die Suche nach grünen Mineralen irgendwann das erste elementare Kupfer zutage. Nach Roberts et al. (2009) ist hier der Beginn der Metallurgie Eurasiens zu sehen, der demnach auf das Bedürfnis der frühesten Landwirtschaft betreibenden Gemeinschaften im Fruchtbaren Halbmond zurückging, sich in Leben und Tod mit farbigen Mineralen und natürlich auftretenden Metallen zu schmücken. Von hier ausgehend habe sich die Idee, Metalle zu verwenden, in ganz Eurasien ausgebreitet, die weitere Entwicklung der Technologie sei dann jedoch unabhängig an vielen Orten betrieben worden.

Die ältesten bekannten Metallartefakte, ab dem 9. Jahrtausend v. Chr., fanden Archäologen an mehreren Orten in Zentral- und Ostanatolien (Türkei) und in Zawi Chemi (nahe der Shandihar-Höhle) im Irak. Aus dem frühen 7. Jahrtausend stammen Perlen, Nadeln und Aalen von Ali-Kosh (Iran), die jedoch zusammen mit Obsidian aus Anatolien gefunden wurden, es könnte sich somit auch hierbei um einen Import handeln (Thornton 2009). Im 6. Jahrtausend tauchen weitere vereinzelte Kupferartefakte in Persien, in Mesopotamien, in Anatolien und auf dem Balkan auf. Perlen und Farbpigmente aus Malachit und Azurit sind ebenfalls verbreitet.

Zu den wichtigsten frühen Fundorten zählt die bereits genannte Siedlung Cayönü Tepesi, die in der Türkei unweit von Diyarbakir am Fuß des Taurusgebirges am Rand der Ebene Mesopotamiens lag. Nicht weit entfernt befindet sich im Taurusgebirge die große Kupferlagerstätte Ergani Maden, die vermutlich zu den am frühesten ausgebeuteten Kupferminen zählt; es gibt aber in der Umgebung noch weitere Kupferlagerstätten. In Cayönü Tepesi wurden Hunderte Kupferobjekte und Tausende Objekte aus Kupfermineralen aus der Zeitspanne vom 9. bis zum 7. Jahrtausend v. Chr. entdeckt, darunter Folien, Aalen, Haken, Draht und Schmuckperlen (Stech 1999; Yener 2000).

Die Kupferbearbeitung erfolgte zu dieser Zeit meist nur durch kaltes Hämmern und Rollen, man bearbeitete das neue Material also so, wie man es mit Steinen gewohnt war. Bei einzelnen Folien deutet die verheilte Struktur im Kupfer sogar darauf hin, dass es im Feuer auf mehrere Hundert Grad erhitzt wurde. Dabei rekristallisiert die Metallstruktur, durch Hämmern gehärtetes Metall wird weniger spröde, allerdings auch weicher. Auch das Erhitzen war durchaus noch neolithische Technologie, man brannte auch Flint, um seine Eigenschaften zu verbessern. Geschmolzen und gegossen wurde das Metall jedoch noch nicht.

Solche Details ergeben sich aus einer Untersuchung des Metallgefüges, denn die Kristallite können sehr unterschiedlich geformt und angeordnet sein. Sowohl in der Natur vorkommendes elementares als auch gegossenes und anschließend erstarrtes Kupfer hat charakteristische, sehr gleichmäßige Gefüge. Beim Hämmern verformen sich die Kristallite zu Plättchen und bilden ein Gefüge, das an Schiefer erinnert. Dadurch wird das Metall härter, aber zugleich auch spröde, und es ist damit weniger gut zu bearbeiten. Dieser Effekt kann durch Erhitzen („Anlassen") teilweise rückgängig gemacht werden, da die Kristallite dabei rekristallisieren und das Gefüge sich entspannt. Schmiede können die unterschiedlichen Eigenschaften von gehärtetem und verheiltem Metall gezielt ausnutzen.

Im 7. Jahrtausend verbreitete sich im Nahen Osten die Verwendung von Keramik und läutete dort das keramische Neolithikum ein. Mit dem Töpferofen begannen Menschen, Feuer bewusst technologisch einzusetzen. Allerdings sind die Unterschiede zur Verhüttung von Erzen groß, wahrscheinlich kann der Töpferofen nicht als direkter Vorläufer der Verhüttungsöfen angesehen werden (Craddock 2000). Die Verhüttung von Kupfererz erfordert etwas höhere Temperaturen, aber vor allem auch reduzierende Bedingungen und den Einsatz von Holzkohle. Wir werden sehen, dass die Verarbeitung von Erz nicht mit Öfen begann, sondern in kleinen Keramiktiegeln. Für die Metallurgie dürfte demnach Keramik als technischer Werkstoff wichtiger gewesen sein als der Töpferofen.

In der Türkei wuchs in diesem Jahrtausend Çatal Hüyük, in Zentralanatolien nahe Konya gelegen, zu einer Stadt heran, in der mehrere tausend Menschen lebten. Es gab keine Straßen, die aus Lehm gebauten Häuser erreichte man mit Leitern über die Flachdächer. Arbeitsteilung war in dieser Stadt von Bauern und Kleintierhaltern noch nicht entwickelt, und es gab auch keine öffentlichen Gebäude: Es handelte sich eher um eine dicht gedrängte Ansammlung von einzelnen Bauernhöfen. Wie viele frühgeschichtliche Siedlungen war sie über einen sehr langen Zeitraum bewohnt, und Archäologen konnten mehrere übereinanderliegende Siedlungsschichten ausgraben. Auch hier stießen sie immer wieder auf Kupferminerale, Bleiminerale und auf kleine Objekte wie Nadeln, Folien und Fingerringe aus Kupfer. In den Gräbern mehrerer Schichten fanden sich Skelette, die mit Pigmenten aus Azurit oder Malachit gefärbt waren. In einem Grab lagen Textilien, die mit einem dünnen Kupferdraht bestickt waren. Ein besonders spannender Fund sind Kupferschlacken aus der auf 6500 v. Chr. datierten Schicht VI. Es könnten die Reste erster Experimente in der Verhüttung von Kupfererzen sein, was jedoch umstritten ist. Vielleicht handelt sich nur um Krusten aus Tiegeln, in denen gediegen Kupfer geschmolzen wurde, das mit der angeschmolzenen Keramik zu Schlacke reagierte? Das Aufschmelzen von Kupfer wäre allerdings ebenso revolutionär. Die Entstehung der Schlacken könnte aber auch ohne das Zutun der Menschen auf einen verheerenden Brand zurückgehen, der diese Siedlungsschicht zerstörte. Trotz der Einwände sind einige Forscher noch immer überzeugt, hier die Reste der frühesten Kupferverhüttung zu sehen, so ist die Zusammensetzung der Schlacken sehr ähnlich wie bei Funden aus späterer Zeit (Yener 2000; Hauptmann 2007). Falls es sich wirklich um die Erfindung der Kupferverhüttung handelte, scheint dieser Erfolg ein Einzelfall gewesen zu sein, der kaum Auswirkungen hatte. Es musste ein weiteres Jahrtausend verstreichen, bis die Kupferverhüttung so intensiv einsetzte, dass ihre Spuren eindeutig sind. Das geschah allerdings in großer Entfernung zu Çatal Hüyük. Diese bahnbrechende Innovation markiert den Beginn einer neuen Ära, die je nach Region als Kupfersteinzeit oder Chalkolithikum (Kupferzeit) bezeichnet wird.

2.2 Verhüttung von Kupfererzen

Die „oxidischen" Kupferminerale – neben dem relativ seltenen Kupferoxid Cuprit (Cu_2O) vor allem die häufigen Kupferkarbonate Malachit ($Cu_2CO_3(OH)_2$) und Azurit ($Cu_3(CO_3)_2(OH_2)$) – waren vermutlich die ersten Kupfererze der Geschichte: Zum einen kommen sie nahe der Erdoberfläche vor und sind auffällig gefärbt, zum anderen lassen sie sich in einem Tiegel oder Ofen leicht mit Holzkohle verhütten. Die Holzkohle besteht überwiegend aus Kohlenstoff (C), beim Verbrennen reagiert sie mit Sauerstoff (O_2) aus der Luft zu Kohlendioxid (CO_2), das wiederum mit der Kohle zu Kohlenmonoxid (CO) reagiert. Da es sich bei Kohlenmonoxid um ein potentes Reduktionsmittel handelt, entstehen im Ofen reduzierende Bedingungen. Das Erz kann durch Kohlenmonoxid zu Metall reduziert werden. Vereinfacht (stöchiometrisch nicht korrekt) läuft folgende Redoxreaktion ab:

Kupferkarbonat + Kohlenmonoxid → metallisches Kupfer + Kohlendioxid

Die Kupferkarbonate Malachit und Azurit sind sehr rein, lassen sich leicht von anderen Mineralen trennen, und das im Ofen entstehende Kohlendioxid entweicht gasförmig. Aus diesen Gründen entsteht bei dieser Reaktion ein sehr reines Kupfer, und es fällt nahezu keine Schlacke an. Daher ist es schwer, Spuren der frühen Verhüttung zu finden. Der Prozess läuft bereits bei Temperaturen um 700 °C im festen Zustand ab, deutlich effektiver ist die Reaktion im geschmolzenen Zustand ab etwa 1100 °C (Radivojevic et al. 2010).

Die wesentlich häufigeren Sulfide lassen sich hingegen nicht mit Kohlenmonoxid reduzieren. Geben wir Erz mit Mineralen wie Covellin (CuS) und Chalkosin (Cu_2S) in den Ofen, bildet sich lediglich eine Sulfidschmelze, die wiederum als ein künstliches Sulfid erstarrt, das als „Kupferstein" oder aus dem Englischen als Matte bezeichnet wird. Daher ist ein weiterer Schritt notwendig: Das Erz oder die Matte wird geröstet – so nennt man das Erhitzen der Erze an der Luft, auf einer Art Scheiterhaufen oder in einem offenen Ofen. Dabei kommt es zur Umwandlung der Sulfide zu Metalloxiden und Schwefeldioxid (SO_2), wobei Energie freigesetzt wird. Oft wird in einem ersten Schritt aus dem Erz eine Matte erschmolzen, da diese reiner ist als das Erz und einen höheren Kupfergehalt hat. Erst diese wird geröstet. Es läuft folgende Reaktion ab:

Kupfersulfid + Sauerstoff → Kupferoxid + Schwefeldioxid (Gas)

Natürlich ist es problematisch für die Umwelt, wenn das Schwefeldioxid in größeren Mengen in die Atmosphäre entweicht, da es sich mit Wasser zu Schwefelsäure verbindet, die als saurer Regen den Wäldern zusetzt. In modernen Werken wird das Gas zu Schwefelsäure umgewandelt, die verkauft werden kann. Noch problematischer ist das Rösten von arsenhaltigen Erzen, weil dabei giftiges As_2O_3-Gas entsteht. Das Rösten von Sulfiden wurde vermutlich in der Bronzezeit erfunden.

Häufiger als reine Kupfersulfide sind eisenhaltige Kupferminerale wie Chalkopyrit ($CuFeS_2$) und Bornit (Cu_5FeS_4). Bei diesen muss auch noch das enthaltene Eisen entfernt werden. Man erhitzt das Erz in einem Ofen zusammen mit Quarzsand (SiO_2) und Kalk ($CaCO_3$) auf 1100 °C und führt Sauerstoff hinzu. Dabei oxidiert das Fe (II) zu Fe(III) und reagiert mit dem Sand und Kalk zu einer flüssigen Schlacke, die zu dunklen Klumpen erstarrt und dann eisenreiche Silikate enthält. Das Kupfer (II) reduziert gleichzeitig zu Kupfer (I) und fließt als Cu_2S-Schmelze ab. Diese Kupfermatte kann in einem weiteren Schritt zu CuO geröstet werden. Bei der Erzeugung von einer Tonne Kupfer aus reinem Chalkopyrit entstehen 1,5 t Schlacke und 2 t Schwefeldioxid. Da häufig Silikatgesteine mit fein verteiltem Chalkopyrit verarbeitet werden und die Silikatminerale ebenfalls zur Schlacke beitragen, kann es auch deutlich mehr Schlacke sein.

Der letzte Schritt, die Reduktion des Kupferoxids zu Kupfer, könnte wiederum wie bei den oxidischen Erzen mit Kohlenmonoxid ablaufen. Man nutzt aber eine exotherme und damit energiesparende Reaktion, indem man in einem Konverter (einem großen Tiegel) das Kupferoxid mit weiterer Kupfermatte reagieren lässt:

$$2\,Cu_2O + Cu_2S \rightarrow 6\,Cu + SO_2.$$

Diese Reaktion kann mit dem Rösten zusammengefasst werden. Wenn man geschmolzene Kupfermatte in einen Konverter gibt und Sauerstoff in die Schmelze bläst, laufen beide Reaktionen gleichzeitig ab und erzeugen ausreichend Energie, um den Inhalt geschmolzen zu halten. Es entsteht unreines Kupfer, das in modernen Werken noch zu reinem Kupfer raffiniert wird. Das ebenfalls gebildete Schwefeldioxid kann vollständig aufgefangen und zu Schwefelsäure verarbeitet werden.

Die zuletzt genannte Reaktion ähnelt einer weiteren Möglichkeit der Kupferverhüttung, dem *co-smelting* einer Mischung von oxidischen und sulfidischen Erzen ohne den Umweg über das Rösten (Lechtman und Klein 1999):

Kupferoxid + Kupfersulfid → Kupfer + Schwefeldioxid

Nach den ersten Anfängen mit reinem oxidischem Erz war dies wohl im Altertum lange Zeit der wichtigste Prozess. Da das sulfidische Erz meist auch eisenhaltige Sulfide und diverse Minerale wie Quarz enthält, bildet sich eine Schlacke, die auch andere Verunreinigungen aufnimmt. Je nach Zusammensetzung des Erzes sollte entweder Quarz oder Eisenoxid zusammen mit weiteren Stoffen zugegeben werden, damit die geschmolzene Schlacke möglichst dünnflüssig ist und sich gut vom Metall trennt.

2.3 Kupferzeit in Osteuropa und im Nahen Osten

Soweit aus bisherigen Funden zu rekonstruieren ist, wurde die Kupferverhüttung auf dem Balkan wohl kurz vor 5000 v. Chr. von der Vinča-Kultur im heutigen Serbien (Radivojevic et al. 2010) und etwa gleichzeitig in Persien in Tal-i Iblis (Pigott 1999) entwickelt. Die dabei erzeugte Metallschmelze goss man nun auch erstmals in einfache Formen. Wenig später folgten im frühen 5. Jahrtausend Anatolien (Yalcin 2000) und (wo die Datierung aber umstritten ist) Cerro Virtud bei Almeria im weit entfernten Spanien (Ruiz-Taboada und Montero-Ruiz 1999), im späten 5. Jahrtausend auch die südliche Levante (Israel, Jordanien). Es ist offensichtlich, dass die Kupferverhüttung in mehreren Zentren unabhängig voneinander entstand und sich von diesen aus weiter ausbreitete (s. Abb. 2.1). Nomaden dürften eine wichtige Rolle bei der weiteren Verbreitung des Wissens gespielt haben. Auf dem Balkan und im Nahen Osten entspricht das Chalkolithikum (Kupferzeit oder Kupfersteinzeit) ungefähr dem 5. und 4. Jahrtausend. In Mitteleuropa ging es erst deutlich später los (s. Abschn. 3.6).

Eine weitere bedeutende Innovation in diesem Zeitraum war das Aufkommen von Kupferlegierungen, insbesondere der Arsenbronze (s. auch Abschn. 2.4). In Persien und in Anatolien nutzte man schon früh auch arsenhaltige Kupfererze: Die Kupferobjekte enthalten etwas Arsen in schwankenden Mengen. Anfangs geschah dies sicherlich nicht in der Absicht, eine Legierung zu erzeugen, sondern zufällig, weil die entsprechenden Erze lokal vorhanden waren. Mit der Zeit erkannten die Menschen, dass sich die Qualität des Metalls dadurch verbessern ließ, und suchten nach geeigneten

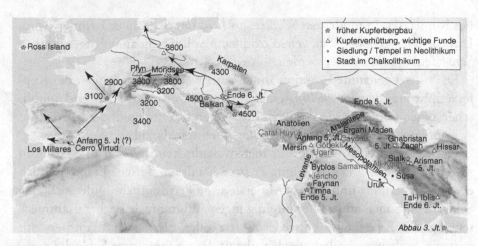

Abb. 2.1 Spuren der frühesten Kupferverhüttung und des Kupferbergbaus im Nahen Osten und in Europa

Mischungen aus Arsen- und Kupfermineralen. Bereits im späten 5. Jahrtausend gab es in Anatolien und in Persien sporadisch Arsenbronzen, also Kupferlegierungen mit hohem Arsengehalt. Ab dem frühen 4. Jahrtausend verbreiteten sich diese Legierungen im ganzen Nahen Osten, und wenig später hatten sie in Anatolien und in Persien das unlegierte Kupfer als dominierendes Metall abgelöst. Zum Ende des Chalkolithikums waren bereits viele wichtige Verfahren der Metallbearbeitung bekannt, und es gab eine große Palette an Produkten. Trotzdem wurden nur kleine Mengen hergestellt, wobei es sich vor allem um Luxus- und Kultobjekte handelte. Die alten Materialien der Steinzeit dominierten noch immer.

Wie im Nahen Osten haben Menschen auch auf dem Balkan schon im Neolithikum Kupferminerale und gediegen Kupfer verwendet. Ab Ende des 6. Jahrtausends gibt es Spuren des Kupferbergbaus, außerdem treten die ersten gegossenen Kupferobjekte auf. Dass zu dieser Zeit die Verhüttung von oxidischen Kupfererzen begann, belegt ein sehr neuer Fund von Kupferschlacken in Belovode (Radivojevic et al. 2010), einer Ausgrabung auf einem abgelegenen Bergplateau 140 km südöstlich von Belgrad. Es gibt aber leider keine Spuren von Öfen oder Tiegeln. Die Erfindung der Verhüttung fällt in die Frühzeit der spätneolithischen bis frühchalkolithischen Vinča-Kultur, die 700 Jahre lang bestand. Erhalten sind einige einfach geformte Äxte, Meißel und Armreifen aus sehr reinem Kupfer. Auch später blieb der Balkan ein äußerst innovatives Zentrum der Metallurgie, aus dem gesamten Chalkolithikum sind aus dieser Region 4300 Kupferartefakte erhalten, mit einem Gesamtgewicht von 4,7 t (Radivojevic et al. 2010). Im Vergleich dazu summiert sich die Anzahl im gesamten Nahen Osten auf gerade einmal 300 Stück. Recht schnell verbreiteten sich Metallobjekte in östliche Richtung über die ungarische Steppe nach Russland (Chernykh 2008). Irgendwann tauchten auch in Mitteleuropa exotische, vom Balkan importierte Objekte auf, und um 3800 v. Chr., also nach mehr als 1000 Jahren, hatte sich das Know-how über die Karpaten bis in die Alpen und ins Elbe-Saale-Gebiet verbreitet – die europäische Entwicklung werden wir später genauer betrachten (s. Abschn. 3.6). Damit verbreiteten sich Kupferobjekte wie Nadeln, Armreifen, Meißel, Dolchklingen und Beile. Diese Objekte dürften damals weniger als Werkzeug oder Waffe gedient haben, vielmehr waren sie Statussymbole einer privilegierten Schicht.

Tal-i Iblis (Iran, in der Provinz Kerman, also relativ weit im Osten des Landes) war hingegen eine kleine Siedlung, deren Bewohner ab Ende des 6. Jahrtausends in den Höfen ihrer Wohnhäuser kleine Mengen an Kupfererz verarbeiteten. Es sind etwa 17 cm lange ovale Keramiktiegel erhalten (Pigott 1999; Thornton 2009), die entfernt an Auflaufformen erinnern, wie wir sie in der Küche verwenden. Auf der Innenseite ist die Keramik durch die Hitze angeschmolzen. Daraus lässt sich ableiten, dass die Tiegel von innen und oben, aber nicht von außen geheizt wurden. Man füllte sie mit einem Gemisch aus Holzkohle und Erz und bedeckte die Füllung mit Holzkohle, was reduzierende Bedingungen sicherstellte. Die Zufuhr von Sauerstoff erfolgte vermutlich durch Blasrohre mit einer Spitze aus Keramik. Diese häusliche Produktion scheint lange Zeit ein Einzelfall geblieben zu sein, erst etwa tausend Jahre später, im späten 5. und frühen 4. Jahrtausend, kamen in Persien weitere wichtige Zentren hinzu. Innerhalb weniger Jahrhunderte waren dies mehrere Orte, die weit entfernt voneinander liegen und die sich in ihrem Stil und ihrer Technologie unterschieden (Thornton 2009). Viele Kupferartefakte gibt es ab dieser Zeit etwa in Susa, das im Südwesten des Iran am Rand der Ebene Mesopotamiens liegt, und am Tepe Hissar im Nordwesten des Landes.

Mehrere Werkstätten wurden im Zentrum der damaligen Stadt Tepe Ghabristan ausgegraben, die bei Qazvin etwa 180 km nordwestlich von Teheran liegt. Es fanden sich Tiegel aus Keramik, runde, relativ flache Schüsseln mit etwa 15 cm Durchmesser, die auf einem Keramiksockel stehen. In diesem Sockel gibt es ein Loch, sodass der heiße Tiegel mit einem Stock bewegt werden kann. Außerdem wurden zerkleinerte oxidische Kupfererze, Schlacken und Gussformen für Äxte, Pickel und Barren gefunden.

In der Region Kashan (200 km südlich von Teheran) gibt es Werkstätten am Tepe Sialk und in Arisman. Tepe Sialk war eine Stadt mit kleinen Werkstätten, die vor allem Blei und Silber produzierten. Arisman war hingegen eine Siedlung, die auf Kupferproduktion spezialisiert war. Der Ort entwickelte sich zu einem regelrechten kleinen Industriegebiet, wobei auch hier Werkstätten und Wohnräume nebeneinander lagen. Frühe Tiegel hatten einen Keramikgriff, später wurden Tiegel wie in Ghabristan verwendet. Verarbeitet wurden Kupferkarbonate und Kupfersulfide, wobei die Schlackebildung beim *co-smelting* unkontrolliert war und Kupferreste in der zähflüssigen Schlacke verblieben.

Ganz anders war die Technologie in Tepe Hissar. Das verwendete Erz enthält vor allem das Kupfersulfid Bornit, aber auch arsenhaltige Minerale und Gangarten wie Quarz und Steatit, die ebenfalls in den Tiegel kamen. Vermutlich wurden oxidische Kupfererze zugegeben (*co-smelting*). Die spezielle Erzzusammensetzung führte dazu, dass eine dünnflüssige Schlacke entstand, die sich gut vom Metall trennte. Erzeugt wurde eine Kupferlegierung mit relativ hohem Arsengehalt. Besonders interessant ist Tepe Hissar, weil hier schon sehr früh auch Öfen für die Verhüttung gebaut wurden: Im späten Chalkolithikum entstand am Rande der Siedlung ein kleines Industriegebiet mit einfachen Verhüttungsöfen, das für den Export bestimmtes Kupfer, bleihaltiges Kupfer und Blei erzeugte. Erstaunlicherweise wurde weitere 500 Jahre nur 100 m entfernt die Produktion von Arsenbronze für den Hausgebrauch unverändert innerhalb der Siedlung in kleinen Tiegeln fortgesetzt.

Ein interessanter Fund von Tepe Hissar war ein Tiegel aus einer feuerfesten Keramik (Thorton und Rehren 2009), der von unten geheizt werden konnte. Die Keramik war nicht aus Tonmineralen, Quarz und Feldspat hergestellt, sondern aus Steatit, einem weichen Gestein, das viele als Speckstein aus dem Kunstunterricht kennen und das überwiegend aus dem Mineral Talk besteht. Dieses Gestein dient auch heute noch als Rohstoff für feuerfeste technische Keramik. Fast alle Tiegel vom Chalkolithikum bis in die frühe Antike bestanden jedoch nicht aus speziellen feuerfesten Materialien und konnten daher nicht von außen beheizt werden. Normale Keramik wird bei großer Hitze weich, es kommt aber auch zu chemischen Reaktionen mit dem heißen Inhalt und mit dem Sauerstoff aus der Luft, was den Tiegel zusätzlich angreift.

In Anatolien könnten die aus Kupfer gegossenen Meißel von Mersin (Mittelmeerküste, Türkei) aus dem frühen 5. Jahrtausend den Beginn der Verhüttung anzeigen. Die Zusammensetzung des Metalls deutet darauf hin, dass es sich nicht mehr um gediegen Kupfer handelt. Gleichen Alters sind Schlacken von zwei Fundorten in der Nähe der Kupferlagerstätte Ergani Maden (Yalcin 2000). In der zweiten Hälfte des 5. Jahrtausends gab es in Anatolien bereits eine größere Anzahl von Orten mit Kupferproduktion, die sehr unterschiedliche Stile und Technologien entwickelten (Yener 2000), darunter auch Siedlungen, die auf die Metallproduktion spezialisiert waren. Obwohl sie Handel betrieben und in einem kulturellen Austausch standen, scheint es untereinander wenig technologischen Transfer gegeben zu haben. Im 4. Jahrtausend nahm der Einfluss aus Mesopotamien zu, zum Teil wurden auch kulturelle Elemente aus dem Kaukasus übernommen. Die produzierten Gegenstände wurden immer komplexer und größer, und neben persönlichen Objekten wie Nadeln, Ringen, Broschen und Anhängern entstanden die ersten Waffen wie Äxte, Speerspitzen, Keulen und die ersten Schwerter. Diese Waffen waren wohl vor allem ein Statussymbol und dienten als Grabbeigabe, sie entwickelten sich aber auch zu einem Tauschmittel und zu Besitz, der angesammelt werden konnte. Daneben gab es auch bereits viele verschiedene Werkzeuge für die Landwirtschaft (zum Beispiel Sicheln) und für die Bearbeitung von Holz und Leder. Die Menschen experimentierten bereits mit Legierungen, sie scheinen bewusst arsenhaltige Erze verwendet zu haben, um die Eigenschaften des Metalls zu verbessern. Die meisten Objekte besitzen einen hohen Arsengehalt und können als Arsenbronze bezeichnet werden. Vereinzelt entstanden auch Zinnbronzen (s. Abschn. 3.2). Ein wichtiger Fundort dieser Zeit ist Arslantepe, das in Ostanatolien auf der Nordseite des Taurusgebirges liegt, ungefähr dort, wo der Euphrat dieses Gebirge durchquert. Neben Objekten aus Kupfer, Arsenbronze, Silber und Blei wurden auch Tiegel, Gussformen und große Mengen an Schlacke, Kupfererz und Eisenoxiden gefunden. Kupfer und Kupferlegierungen wurden durch *cosmelting* in Tiegeln erzeugt.

Anatolien und Persien sind beide durch Berge und Hochplateaus geprägt, die reich an Erzen und an Wäldern für die Herstellung von Holzkohle waren, während zugleich Landwirtschaft in Tälern und kleineren Becken möglich war. Diese Kombination dürfte die Entwicklung der Metallurgie befördert haben. In beiden Regionen gab es anscheinend kaum Technologieaustausch von Ort zu Ort (Yener 2000; Thornton 2009).

Im Gegensatz dazu wird für die südliche Levante (Israel, Jordanien) und Mesopotamien angenommen, dass neue Erkenntnisse ausgetauscht wurden und die Entwicklung einheitlich verlief. In der südlichen Levante begann die Verhüttung von oxidischem Erz vermutlich Ende des 5. Jahrtausends, in kleinen Siedlungen an den Kupferlagerstätten Timna (in der Negevwüste in Israel) und Faynan (Jordanien) (Hauptmann 2007) und in einiger Entfernung dazu in Siedlungen im Beershevatal (Israel). Im Fall von Timna wurde mehrfach ein wesentlich früherer Beginn behauptet, was aber an der zweifelhaften Stratigrafie liegen dürfte (Craddock 2000). Erz und Brennmaterial wurden noch in Siedlungen transportiert, die Reduktion zu Kupfer lief auch hier in Tiegeln ab. Zum einen entstanden einfache Kupferobjekte für den Hausgebrauch, zum anderen für die Eliten komplexe Luxusgüter aus Arsenbronze, die im Wachsausschmelzverfahren gegossen wurden. Möglicherweise war diese Legierung ein Import in Form von Barren.

In Mesopotamien entstanden im Chalkolithikum die ersten große Städte, unter denen zunächst Uruk herausragte. Die großen Überschüsse an Lebensmitteln, die von der entwickelten Landwirtschaft produziert wurden, ermöglichten bereits eine ausgeprägte Arbeitsteilung, die ausschlaggebend für eine Vielzahl von Innovationen war. Erstmals organisierte eine starke staatliche

Administration das Zusammenleben und den Bau von Bewässerungen. Ein ausgeprägtes Handelsnetz reichte bis über die Randgebiete Mesopotamiens hinaus; im Zagrosgebirge, in Anatolien und in Nordsyrien wurden Handelsposten errichtet, die als früheste Kolonien angesehen werden können. Mit der Töpferscheibe begann in Uruk die Massenproduktion von Keramik, die Schrift wurde erfunden, und obwohl die nächsten Kupfervorkommen weit entfernt in Persien, in Anatolien und im Oman liegen, wurde relativ viel Kupfer und Arsenbronze hergestellt.

Es ist erstaunlich, dass andere Metalle in Eurasien bis ins späte Chalkolithikum nahezu unbekannt waren. Ähnlich wie Kupfer kommt auch Silber mitunter gediegen vor, wurde aber entweder nur selten entdeckt oder nicht als wertvoll angesehen. Selbst Gold, das leicht aus Flüssen gewaschen werden kann, wurde kaum verwendet. Eine spektakuläre Ausnahme ist das Gräberfeld von Warna in Bulgarien aus der zweiten Hälfte des 5. Jahrtausends, in dem über 3000 Schmuckstücke aus Gold entdeckt wurden. Erst gegen Ende des Chalkolithikums ändert sich das Bild in der ganzen Region schlagartig, und in der Frühen Bronzezeit wurde Gold in größeren Mengen verwendet. Das aus Flüssen gewaschene Gold tritt nur sehr selten als Nuggets, sondern überwiegend in Form von winzig kleinen Flittern auf, die nicht durch kaltes Hämmern verarbeitet werden können. Zum Aufschmelzen reicht aber ein offenes Feuer nicht aus, es waren zumindest Blasrohre notwendig, um die Temperatur im Tiegel zu erhöhen. Von Nuggets abgesehen war die Goldproduktion daher erst mit der Technologie des Chalkolithikums möglich. Allerdings gibt es auch Kulturen, die sich kaum für Gold interessierten, obwohl sie eine entwickelte Metallurgie hatten. In Zentralchina, in Nordamerika mit Ausnahme von Mexiko und südlich der Sahara in Afrika hatte Gold lange Zeit keine Bedeutung, man sah andere Materialien als besonders wertvoll an.

Ein erstaunlicher Fund ist ein Armreif aus Blei aus dem 6. Jahrtausend aus Yarim Tepe (Nordirak). Gediegen Blei ist extrem selten. Daher ist es wahrscheinlich, dass die Verhüttung von Galenit (Bleiglanz, PbS) zu Blei schon kurz vor der Kupferverhüttung gelang (Stech 1999). Bleierze sind leichter zu verhütten als Kupfererze; Blei blieb jedoch bis ins späte Chalkolithikum so selten, dass es sich eher um Experimente gehandelt haben muss. Deren Bedeutung liegt in der Silberverhüttung, da silberhaltiger Galenit (Bleiglanz, PbS) das häufigste Silbererz ist. Dazu musste jedoch erst ein Verfahren entwickelt werden, um Silber aus einer Bleilegierung zu trennen: die sogenannte Kupellation. Dieses Verfahren wird später in Abschn. 4.7 erklärt, damit wir uns an dieser Stelle auf Kupfer konzentrieren können. Die Produktion von Blei und Silber begann in Anatolien und in Persien im späten Chalkolithikum. In Mesopotamien tauchten sehr große Mengen in der Frühen Bronzezeit in Uruk und Ur auf.

Im Kaukasus wurden seit dem 4. Jahrtausend Arsen- und Antimonbronzen produziert (Pike 2002; Chernykh 2008), und zwar von den Kulturen Maikop-Krania (nördlich des Hohen Kaukasus in Russland) und Kura-Araxes-Kultur (südlich davon, im Transkaukasus). Die Maikop-Krania hatten nur sehr einfache Siedlungen, aber reichlich mit Bronzegaben ausgestattete Gräber. In der osteuropäischen Steppenregion nördlich des Schwarzen und des Kaspischen Meeres breitete sich die Verhüttung schnell aus, insbesondere entstand im Südural ein wichtiges Zentrum.

2.4 Arsenbronze und Fahlerzkupfer

Reines Kupfer ist relativ weich und für viele Anwendungen, die wir mit Metallen in Zusammenhang bringen, kaum zu gebrauchen. Erst mit der Entwicklung von Kupferlegierungen kamen Substanzen auf, die so hart und robust waren, dass sie dem Feuerstein als Waffe oder Werkzeug überlegen waren. Besonders wichtig war ohne Frage die Erfindung der Bronze, einer Legierung aus Kupfer und Zinn (s. Abschn. 3.2). Diese beiden Metalle kommen jedoch selten gemeinsam vor, und ausgerechnet im Nahen Osten ist Zinn relativ selten (s. Abschn. 3.3). Häufig sind jedoch arsenhaltige Kupfererze. So verwundert es nicht, dass die sogenannte Arsenbronze, eine Legierung aus Kupfer und Arsen, im Nahen Osten mehr als tausend Jahre vor der Erfindung der „echten" Bronze aufkam. Arsenbronze spielt damit eine Schlüsselrolle in der Entwicklung von der Kupferzeit zur Bronzezeit.

Die ersten Arsenbronzen entstanden im späten 5. Jahrtausend in Persien (Thornton 2010) und in Anatolien, einige Jahrhunderte später waren sie im Nahen Osten das dominierende Metall. Selbst nach der Erfindung der „echten" Bronze wurde bis in die Mittlere Bronzezeit wesentlich mehr Arsenbronze als Zinnbronze hergestellt (Avilova 2009); in Persien blieb Zinnbronze sogar bis ins 2. Jahrtausend eine Seltenheit. Erst um 1500 v. Chr. hatte Zinnbronze die Arsenbronze im Nahen Osten vollständig abgelöst.

In Mitteleuropa blieben die Arsengehalte in der Kupfersteinzeit noch sehr niedrig. Erst zu Beginn der Frühen Bronzezeit (die hier etwa 2200 v. Chr. begann) nahmen Legierungen mit hohem Arsenanteil durch die Verwendung von Fahlerz zu, etwa gleichzeitig mit den ersten vereinzelten Zinnbronzen (Krause 2003). Ab etwa 1800 v. Chr. traten hier Zinnbronzen flächendeckend und sprunghaft auf: Häufig wurde nun arsenhaltiges Kupfer mit Zinn legiert. In Spanien waren Arsenbronzen in der Frühen Bronzezeit ebenfalls weit verbreitet, dort gab es nur vereinzelte Armreifen aus Zinnbronze.

In Südamerika spielte Arsenbronze eine ähnliche Rolle (Lechtman und Klein 1999; Cooke et al. 2009). Sie wurde in Nordwestargentinien seit 400

n. Chr. und in Südperu durch die Wari-Kultur seit 600 n. Chr. hergestellt. In Bolivien, wo zu dieser Zeit die Hauptphase der Tihuanaco-Kultur begann, bevorzugte man hingegen eine ternäre Legierung aus Kupfer, Arsen und Nickel. Für Schmuck stellte man dort bereits Zinnbronze her. Die Dominanz von Arsenbronze beziehungsweise Nickel-Arsenbronze endete in den Anden erst in der Mitte des 15. Jahrhunderts durch die Hegemonie der Inka, die in großer Zahl Gegenstände aus Zinnbronze produzierten.

Arsengehalte bis 2 % sind in frühen Kupferartefakten sehr häufig, was aber noch keine merkliche Verbesserung gegenüber reinem Kupfer bewirkt. Bei einem Arsengehalt über 4 % werden die Metalleigenschaften jedoch deutlich besser, eine Legierung mit etwa 8 % Arsen hat sogar eine Härte und Robustheit, die nahe an Zinnbronze heranreicht. Arsenbronze hat eine silberne Farbe, im Gegensatz zum rötlichen Kupfer und zur goldglänzenden Zinnbronze. Die Farbe des Metalls war in der Frühgeschichte möglicherweise wichtiger als andere Eigenschaften. Arsen verringert zudem den Schmelzpunkt des Metalls, verbessert die Eigenschaften beim Guss und macht es weniger korrosionsanfällig. Antimon verhält sich ähnlich und kommt in der Natur oft gemeinsam mit Arsen vor, entsprechend hat Arsenbronze oft auch hohe Gehalte an Antimon. Eine Legierung mit wenigen Prozent Nickel verbessert die Eigenschaften auf ähnliche Weise. Nickelminerale kommen ebenfalls in manchen Kupferlagerstätten vor, und tatsächlich gibt es Arsenbronzen mit einem erhöhten Nickelgehalt.

In Regionen, in denen arsenhaltige Erze häufig vorkommen, war es nur eine Frage der Zeit, dass diese zusammen mit anderen Erzen in den Tiegel kamen. Wahrscheinlich entstanden die ersten Arsenbronzen auf diese Weise ganz zufällig und nicht in der Absicht, ein besseres Metall zu erzeugen. Wir können aber davon ausgehen, dass die Menschen die verbesserten Eigenschaften bemerkten und daraufhin gezielt nach geeigneten Mischungen suchten. Je nachdem, welche Erzmischungen in den Ofen gelangten, entstanden Legierungen mit unterschiedlichen Zusammensetzungen. Auch die Temperatur im Tiegel und die unterschiedliche Abtrennung anderer Metalle in der Schlacke haben große Auswirkungen auf das Ergebnis. Daher ist es nicht immer möglich, von der Zusammensetzung des Metalls auf die verwendeten Erze zu schließen.

Da Fahlerze relativ häufig sind, wurden sie besonders häufig als Kupfererz verwendet. Dabei handelt es sich um eine Mineralgruppe mit flexibler Zusammensetzung, die zwischen den theoretischen Endgliedern Tennantit (Arsenfahlerz) mit der Zusammensetzung $Cu_{12}As_4S_{13}$ und Tetraedrit (Antimonfahlerz), $Cu_{12}Sb_4S_{13}$ liegt. Außerdem enthalten Fahlerze weitere Metalle im Bereich von mehreren Prozent, wie Eisen, Zink, Silber, Blei und Quecksilber, die einen Teil des Kupfers in der Struktur ersetzen. Freibergerit zum Beispiel enthält bis zu 18 % Silber. Während die meisten Sulfide metallisch glänzen, sind Fahlerze fahlgrau. In Mitteleuropa waren Fahlerze das wichtigste Kupfererz der Bronzezeit, große Vorkommen gibt es in den Ostalpen, im Erzgebirge und in den Karpaten. Das damit erzeugte Kupfer hat hohe Gehalte an typischen Spurenelementen und wird als Fahlerzkupfer bezeichnet.

Fahlerz kann entweder durch *co-smelting* (Lechtman und Klein 1999) zusammen mit oxidischen Kupfererzen oder durch Rösten und anschließendes Verhütten verarbeitet werden. Nach Höppner et al. (2005) ist in primitiven Öfen auch die direkte Verarbeitung von Fahlerz möglich, weil anfangs genug Sauerstoff vorhanden ist: Das Rösten und Schmelzen läuft dabei nacheinander in einem einzigen Arbeitsgang ab. Das bewusste Rösten wurde vermutlich in der Bronzezeit erfunden und hat den Nachteil, dass viel Arsen gasförmig als As_2O_3 entweicht. Die direkte Verarbeitung durch *co-smelting* begünstigt daher einen hohen Arsengehalt in der Legierung.

Im Andenraum spielte stattdessen das dort häufige Mineral Enargit (Cu_3AsS_4) eine wichtige Rolle bei der Herstellung von Arsenbronze. Damit wurde eine reine Kupfer-Arsen-Legierung hergestellt. Die Verarbeitung entspricht der Verarbeitung von Fahlerz. Im Fall von *co-smelting* mit oxidischen Erzen läuft eine Reaktion wie die folgende ab:

Kupferkarbonat + Enargit → Arsenbronze + SO_2 + CO_2 + As_2O_3

Eine weitere Möglichkeit ist die Verwendung von Arsenopyrit (FeAsS), ein hellgraues Mineral mit einem auffälligen bitteren Geruch, das relativ häufig im primären Erz von arsenhaltigen Kupferlagerstätten vorkommt. Ein hoher Nickelgehalt kann durch die Verwendung von Mineralen wie Nickelin (NiAs) oder Rammelsbergit ($NiAs_2$) entstehen. Auch die Verwendung von Arsenmineralen aus der Oxidationszone ist möglich: Das Kupferarsenat Olivenit kommt meist nur in sehr kleinen Mengen vor. Häufiger ist Erythrin, $Co_3(AsO_4)_2 \cdot 8\,H_2O$, dessen Verwendung den erhöhten Kobaltgehalt mancher Arsenbronzen erklären würde. Auch Annabergit, $Ni_3(AsO_4)_2 \cdot 8\,H_2O$, ist denkbar, es enthält nicht nur Arsen und Nickel, sondern hat auch noch eine grüne Farbe, die an Malachit erinnert.

Für den Iran wird die Verwendung der Minerale Algodonit (Cu_5As) und Domeykit (Cu_3As) diskutiert. Diese seltenen Minerale kommen im Bergbaurevier Anarak vor, in dem ein Abbau seit dem Chalkolithikum vermutet wird. In geschmolzenes Kupfer geworfen, lösen sie sich auf wie Zuckerwürfel.

Am Tepe Hissar (Iran) hat man zudem größere Mengen von synthetischem Eisenarsenid (FeAs) gefunden, das möglicherweise in der Frühen Bronzezeit als Rohstoff für die Herstellung von Arsenbronze gehandelt wurde. Arsenide und Antimonide wurden im Deutschen befremdlich als „Speis", „Speise" oder „Arsenspeise" und „Antimonspeise" (englisch: *speiss*) bezeichnet. Beispielsweise ist „Speiskobalt" die alte Bergmannsbezeichnung für das Mineral Skutterudit, das die Zusammensetzung $(Co, Ni)As_3$ hat. Von solchen natürlichen Mineralen abgesehen können auch synthetische Arsenide und Antimonide bei der Verhüttung entsprechender Erze entstehen. Im Ofen bildet sich zwischen Metallschmelze und Schlacke eine Schicht aus Arsenid- oder Antimonidschmelze, die in den anderen Schmelzen nicht mischbar ist. An alten Kupfer- und Silberhütten, die arsen- und antimonhaltige Erze verarbeiteten und die chemischen Prozesse nicht genau regulieren konnten, fiel Arsenspeise als Abfall beziehungsweise Zwischenprodukt an. Typisch sind Verbindungen von Kupfer, Nickel, Eisen und Silber mit dreiwertigem Arsen und Antimon. Diese Verbindungen haben ein ähnliches Aussehen wie Metall, sind jedoch sehr spröde. Vermutlich war die Entstehung meist nicht gewollt, schließlich gehen damit Silber und Kupfer verloren. Immerhin wurde Arsenspeise in der Späten Bronzezeit und in der römischen Antike in Barrenform gehandelt, wohl um die darin enthaltenen Metalle im Kupellationsverfahren (s. Abschn. 4.7) zu gewinnen. Das Eisenarsenid vom Tepe Hissar impliziert jedoch die gezielte Verarbeitung von Mineralen wie Arsenopyrit (FeAsS) in Abwesenheit von Kupfererzen, das Material fiel also nicht zufällig in der Kupfergewinnung an (Thornton et al. 2009).

2.5 Gold aus dem Kaukasus

Es ist relativ leicht, Gold aus Flüssen zu waschen, was aber kaum Spuren hinterlässt, die Archäologen später finden könnten. Der Kaukasus ist für seinen Goldreichtum bekannt, in Georgien gibt es einige Flüsse, deren Kies einen hohen Goldgehalt hat. Die Sage der Argonauten aus der griechischen Antike dürfte also einen wahren Kern haben. In der Geschichte erhält Jason den Auftrag, aus Kolchis, dem damaligen Westgeorgien, das Goldene Vlies zu holen, das goldene Fell eines mythischen Widders. Jason reiste mit einigen Gefährten auf dem Schiff „Argo" nach Kolchis. Der dortige König versprach ihm das Vlies unter der Bedingung, dass er ein Abenteuer besteht, das mit größter Wahrscheinlichkeit tödlich enden würde. Dank der Hilfe der Prinzessin Medea, die sich in ihn verliebt hatte, gelang Jason das Unmögliche. Der König wollte danach Jason lieber ermorden, als sein Versprechen einzulösen, was aber wieder an Medea scheiterte. Die beiden stahlen das Goldene Vlies und flüchteten zusammen mit den Gefährten, wobei sich die Heimreise zu einer langen Abenteuergeschichte entwickelte. Der Mythos geht darauf zurück, dass man Tierfelle in die Wasserströmung legte, in denen sich feine Goldflitter verfingen.

Offensichtlich begannen Menschen aber auch früh, Gold aus dem harten Gestein abzubauen. In Sakdrisi in Südgeorgien haben Archäologen ein Goldbergwerk ausgegraben, in dem Menschen der Kura-Araxes-Kultur ab etwa

3400 v. Chr. einige Jahrhunderte lang das Edelmetall aus Quarzgängen abbauten (Stöllner et al. 2010), die sich in einem stark alterierten Vulkangestein (Rhyolith) befinden. Der Abbau erfolgte an der Oberfläche in Pingen, also in kleineren Gruben, die dem Quarzgang folgten. Außerdem gab es kleinere Stollen, in denen unter Tage abgebaut wurde. Als Werkzeuge dienten Steinhämmer, wobei offensichtlich mit einem Schlaghammer auf einen spitzen Hammer geschlagen wurde, der wie ein Meißel eingesetzt wurde, ganz ähnlich wie in späterer Zeit Schlägel und Eisen. Es gibt auch Hinweise darauf, dass Feuersetzen (s. Abschn. 5.1) angewandt wurde, die Hitzeeinwirkung macht das Gestein mürbe. Die Aufbereitung des Erzes muss sehr aufwendig gewesen sein. An der Mine wurde es mit Hämmern klein geschlagen und dann in der nahe gelegenen Siedlung mit Mühlsteinen fein gemahlen. Vermutlich folgte das Auswaschen des Goldes in einem Fluss.

Die geförderte Menge muss sehr groß gewesen sein. Die Kura-Araxes haben sehr kunstvoll gearbeiteten Goldschmuck hinterlassen, aber erstaunlicherweise nur in geringer Menge. Der Verbleib des übrigen Edelmetalls ist unklar, möglicherweise führt die Spur nach Arslantepe in Anatolien, in dessen Königsgräbern man nicht nur viel Gold fand, sondern auch Keramik der Kura-Araxes.

Literatur

Avilova, L. I. 2009. Models of metal production in the near east (Chalcolithic – Middle Bronze Age). *Archaeology Ethnology & Anthropology of Eurasia* 37:50–58.

Bar-Yosef Mayer, D. E., und N. Porat. 2008. Green stone beads at the dawn of agriculture. *Proceedings of the National Academy of Sciences of the United States of America* 105:8548–8551.

Chernykh, E. N. 2008. Formation of the Eurasian „steppe belt" of stockbreeding cultures: Viewed through the prism of archaeometallurgy and radiocarbon dating. *Archaeology Ethnology & Anthropology of Eurasia* 35:36–53.

Cooke, C. A., M. B. Abbott, und A. P. Wolfe. 2009. Metallurgy in southern South America. In *Encyclopaedia of the history of science, technology, and medicine in non-western cultures*, Vol. 2, Hrsg. H. Seline, 1658–1662. Dordrecht: Springer.

Craddock, P. T. 2000. From hearth to furnace: Evidences for the earliest metal smelting technologies in the Eastern Mediterranean. *Paléorient* 26:151–156.

Hauptmann, A. 2007. *The archaeometallurgy of copper: Evidence from Faynan, Jordan*. Berlin: Springer.

Höppner, B., M. Bartelheim, M. Huijsmans, R. Krauss, K.-P. Martinek, E. Pernicka, und R. Schwab. 2005. Prehistoric copper production in the Inn valley (Austria), and the earliest copper in central Europe. *Archaeometry* 47:293–315.

Krause, R. 2003. *Studien zur kupfer- und frühbronzezeitlichen Metallurgie zwischen Karpatenbecken und Ostsee*. Rahden: Marie Leidorf.

Lechtman, H., und S. Klein. 1999. The production of copper-arsenic alloys (arsenic bronze) by cosmelting; modern experiment, ancient practice. *Journal of Archaeological Science* 26:497–526.

Pigott, V. C. 1999. The development of metal production on the Iranian plateau: An archaeometallurgical perspective. In *The archaeometallurgy of the Asian old world*, Hrsg. V. C. Pigott, Philadelphia: University of Pennsylvania Press. Museum of Archaeology and Anthropology.

Pike, A. 2002. Analysis of Caucasian Metalwork – The use of antimonial, arsenical and tin bronze in the Late Bronze Age. Hrsg. J. Curtis, und M. Kruszyskinna: Ancient Caucasian and related material in the British Museum. British Museum Occasional Paper 121.

Radivojevic, M., T. Rehren, E. Pernicka, D. Sljivar, M. Brauns, und D. Boric. 2010. On the origins of extractive metallurgy: new evidence from Europe. *Journal of Archaeological Science* 37:2775–2787.

Roberts, B. W., C. P. Thornton, und V. C. Pigott. 2009. Development of metallurgy in Eurasia. *Antiquity* 83:1012–1022.

Ruiz-Taboada, A., und I. Montero-Ruiz. 1999. The oldest metallurgy in western Europe. *Antiquity* 73:897–903.

Stech, T. 1999. Aspects of early metallurgy in Mesopotamia and Anatolia. In *The archaeometallurgy of the Asian old world*, Hrsg. V. C. Pigott, Philadelphia: University of Pennsylvania Press. Museum of Archaeology and Anthropology.

Stöllner, T., I. Gambaschidze, A. Hauptmann, G. Mindiašvili, G. Gogočuri, und G. Steffens. 2010. Goldbergbau in Südostgeorgien – Neue Forschungen zum frühbronzezeitlichen Bergbau in Georgien. In *Von Maikop bis Trialeti. Akten des Symposiums Berlin 1.–3. Juni 2006. Kolloquien zur Vor- und Frühgeschichte 13*, Hrsg. S. Hansen, A. Hauptmann, I. Motzenbäcker und E. Pernicka, 103–138. Bonn.

Thornton, C. P. 2009. The emergence of complex metallurgy on the Iranian plateau: Escaping the levantine paradigm. *Journal of World Prehistory* 22:301–327.

Thornton, C. P. 2010. The rise of arsenical copper in southeastern Iran. *Iranica Antiqua* 45:31–50.

Thornton, C. P., und T. Rehren. 2009. A truly refractory crucible from fourth millennium Tepe Hissar, Northeast Iran. *Journal of Archaeological Science* 36:2700–2712.

Thornton, C. P., T. Rehren, und V. C. Pigott. 2009. The production of speiss (iron arsenide) during the Early Bronze Age in Iran. *Journal of Archaeological Science* 36:308–316.

Vermeersch, P. M., E. Paulissen, G. Gijselings, M. Otte, A. Thoma, P. van Peer, und R. Lauwers. 1984. 33,000-yr old chert mining site and related Homo in the Egyptian Nile Valley. *Nature* 309:342–344.

Yalcin, Ü. 2000. Frühchalkolitische Metallfunde von Mersin-Yumuktepe: Beginn der extrativen Metallurgie? *TÜBA-AR* 3:109–128.

Yener, K. A. 2000. *The domestication of metals. The rise of complex metal industries in Anatolia.* Leiden: Brill.

3
Bronzezeit

Im Nahen Osten beginnt die Frühe Bronzezeit etwa 3000 v. Chr., es dauerte aber noch einige Zeit, bis „echte" Bronze die bereits verbreitete Arsenbronze als dominierendes Metall ablöste. Bei der Wahl der Legierung dürfte neben der Härte, den Eigenschaften bei der Verarbeitung und der Verfügbarkeit von Ressourcen auch die unterschiedliche Farbe der Kupferlegierungen – rötlich, golden oder silbern – und damit die Ästhetik eine Rolle gespielt haben. Wenn wir in Museen korrodierte Metallartefakte besichtigen, haben diese ihren Glanz verloren, und die grünliche oder braune Färbung hat natürlich wenig mit dem ursprünglichen Aussehen zu tun.

Die Bronzezeit (s. Abb. 3.1) ist in dieser Region grob mit dem 3. und 2. Jahrtausend gleichzusetzen. Die Einteilung in Frühe, Mittlere und Späte Bronzezeit beruht hier aber auf Aufstieg und Niedergang der großen Zivilisationen und nicht auf metallurgische Innovationen. Es geht dabei um die großen Reiche in Mesopotamien, Ägypten und zum Beispiel auch um Troja und die minoische Kultur auf Kreta. In der Späten Bronzezeit war die Metallurgie bereits so weit entwickelt, dass die verwendeten Öfen sich kaum von den Öfen der Antike oder des Mittelalters unterschieden. In Mitteleuropa beginnt die Bronzezeit erst 2200 v. Chr., wobei bereits in der hiesigen Frühbronzezeit die wichtigsten Prozesse der Metallurgie entwickelt wurden.

3.1 Frühe Bronzezeit im Nahen Osten

Wie wir bereits festgestellt haben, wurde die Verhüttung im Chalkolithikum fast immer innerhalb der Siedlungen mithilfe von kleinen Keramiktiegeln durchgeführt. Vereinzelt gab es bereits erste Öfen, die aber kaum mehr als ein mit Steinen ausgekleidetes Loch im Boden waren und die ähnlich wie Tiegel funktionierten. Die Glut wurde dabei mit Blasrohren in Gang gehalten.

Ungefähr 3000 v. Chr. ändert sich das Bild innerhalb einer erstaunlich kurzen Zeitspanne im gesamten Nahen Osten. Die Jahrtausendwende markiert hier grob den Beginn der Frühen Bronzezeit, die wir vereinfacht mit

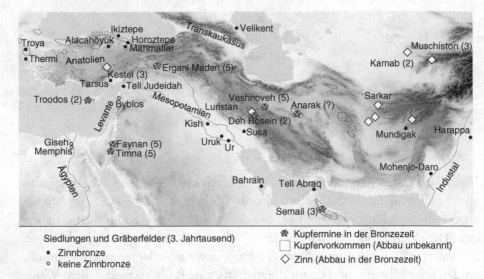

Abb. 3.1 Bergbau während der Bronzezeit im Nahen Osten (in Klammern der jeweilige Beginn des Abbaus, Jahrtausend v. Chr.) und wichtige Siedlungen der Frühen Bronzezeit

dem 3. Jahrtausend gleichsetzen können. Die Menschen bauten nun spezielle Öfen für die Verhüttung (Craddock 2000), zylindrische Strukturen aus Steinen und Ton, mit einem Durchmesser von 25–50 cm und einer ähnlichen Höhe. Diese befanden sich in der Regel in der Nähe der Minen auf Hügeln, und sie hatten an einer Seite eine Öffnung, die so positioniert war, dass der Wind in den Ofen strömte und die Glut mit Sauerstoff versorgte. In Faynan (Jordanien) fanden Archäologen die Reste einer Art Grillrost aus Ton, der eine Seite des Ofens bildete. Diese Öffnung machte Blasrohre unnötig und ermöglichte die Produktion von wesentlich größeren Mengen, allerdings war man auf stetigen Wind angewiesen. Die genaue Konstruktion der Öfen war regional sehr unterschiedlich, es scheint also eine relativ unabhängige Entwicklung gewesen zu sein, die an verschiedenen Orten gleichzeitig stattfand. Zum Teil wechselte man auch zu anderen Erzmischungen: Die Verwendung von reinem oxidischem Erz hörte auf und vielerorts verwendete man Erze, die aufgrund ihrer Zusammensetzung von selbst eine Schlacke bilden, mit deren Hilfe Verunreinigungen entfernt werden. Oft war diese aber so zähflüssig, dass sie sich im Ofen kaum vom Metall trennte, sie musste dann zerbrochen werden, damit enthaltene Kupferperlen gewonnen werden konnten.

Die Produktion von Arsenbronze stieg sprunghaft auf ein Vielfaches an. Nun wurde nicht mehr das Erz in die Siedlungen gebracht, sondern Metallbarren, aus denen in Siedlungen fertige Produkte geschmiedet wurden. Außerdem gab es andere Metalle wie Gold und Silber plötzlich ebenfalls in großen Mengen. Mit der Zinnbronze verbreitete sich in der Frühen Bronzezeit zwar eine weitere Legierung, Arsenbronze blieb aber der beliebtere Werkstoff. Die Handwerker waren so geschickt, dass sie unvergleichliche Kunstwerke aus Metallen schufen. Neue Bearbeitungsmethoden waren bekannt: Der Metallguss erfolgte schon mit komplizierten mehrteiligen Gussformen oder im Wachsausschmelzverfahren. Man konnte nieten, löten, schweißen und treiben (s. Abschn. 1.3). Goldschmiede erzeugten durch Granulation, das Verlöten von feinen Kügelchen, komplizierte Ornamente. Um Farbeffekte zu erzeugen, wurden verschiedene Metalle kombiniert.

In der Frühen Bronzezeit entstanden große befestigte Städte mit gewaltigen Monumenten, die Bevölkerung wuchs stark an und die Gesellschaften waren zunehmend hierarchisch gegliedert. In Mesopotamien gab es mehrere Städte wie Ur und Kish, die lange Zeit unabhängige Stadtstaaten blieben. Ab 2300 v. Chr. entstand das Akkadische Reich, das diese Stadtstaaten erstmals vereinigte. Nach dessen Untergang hatte Ende des Jahrtausends die Stadt Ur die größte Bedeutung, wo die berühmten Zikkurate, aus Lehmziegeln erbaute Stufenpyramiden, entstanden. In Ägypten entspricht die Frühe Bronzezeit der Frühdynastischen Periode und dem Alten Reich. Die Pharaonen des Alten Reichs sind vor allem für ihre Pyramiden berühmt: Die Pyramiden von Gizeh entstanden zwischen 2600 und 2500 v. Chr.

3.2 Zinnbronze

Bronze ist eine goldfarbene Legierung aus Kupfer und Zinn. Der Begriff „Zinnbronze" wird verwendet, um „echte" Bronze von Arsenbronze zu unterscheiden. Eine Legierung mit 10 % Zinn kann, wenn sie durch Hämmern gehärtet wird, in ihrer Härte schon mit einfachen Stahlsorten mithalten. Bronze ist auch besser zum Gießen geeignet als einfaches Kupfer. Trotzdem blieb der Gebrauch als Werkzeug oder Waffe zunächst untergeordnet; es wurden überwiegend Prunkobjekte, Gefäße, Schmuck und Skulpturen hergestellt, die als kostbare Statussymbole und Kultobjekte dienten. Die neue Legierung wurde nur ganz allmählich eingeführt; Arsenbronze machte um 2000 v. Chr. noch immer etwa die Hälfte der Produktion aus.

Da Kupfer- und Zinnerz nur selten gemeinsam vorkommen, ist Bronze möglicherweise die erste Legierung, die gezielt hergestellt wurde. Das wichtigste Zinnerz ist Kassiterit, SnO_2, das tiefschwarz, stark glänzend und relativ schwer ist. Das Mineral Stannit, Cu_2FeSnS_4, ist weit weniger verbreitet und kommt meist auch nur in geringer Menge vor. Es sieht den Fahlerzen ähnlich.

Zinn ist im Nahen Osten relativ selten, und Archäologen stellten häufig die Frage, wo die frühen Zivilisationen dieses Metall abbauten (s. Abschn. 3.3).

Interessant ist, dass die frühen Zinnbronzen in einer Zeit auftauchten, in der auch erstmals große Mengen an Gold verwendet wurden. Kassiterit und Gold kommen beide in Seifenlagerstätten vor und können dort leicht mit einer Waschpfanne aus dem Flussbett gewonnen werden.

Die ersten Zinnbronzen gab es bereits erstaunlich früh im Chalkolithikum. Ein Neufund ist eine Folie aus Zinnbronze, die in Pločnik (Serbien) entdeckt und auf 4650 v. Chr. datiert wurde (Radivojevic et al. 2013). Die Zusammensetzung legt nahe, dass ein Erz aus Fahlerz und Stannit verwendet wurde, in diesem Fall war die Legierung möglicherweise ein Zufall. Dieses Erz kam vermutlich nur in kleinen Mengen vor, was der Grund dafür sein könnte, dass Zinnbronze auf dem Balkan erst in der Späten Bronzezeit häufig wurde. Es gibt aber Einzelfunde wie ein Messer aus Velika Gruda (Montenegro) aus dem frühen 3. Jahrtausend.

Frühe Zinnbronzen fanden sich auch in Afghanistan. Ab Mitte des 4. Jahrtausends waren vereinzelte Objekte in Mundigak in Gebrauch, einer Ausgrabungsstätte in der Region von Kandahar, die in einem Zusammenhang mit der Harappa-Kultur des Industales steht. Drei Artefakte aus der Schlangenhöhle sind vermutlich noch älter, konnten aber nicht sicher datiert werden. Im 3. Jahrtausend war die Legierung auch im Industal bekannt, trat dort jedoch erst in den späten Schichten der Harappa-Kultur häufiger auf. Nach dem Ende der Harappa-Kultur (1800 v. Chr.) war Zinnbronze in Indien für ein Jahrtausend wieder sehr selten. Das könnte an einem Zusammenbruch des Zinnhandels liegen oder am Aufkommen eines Reinheitskultes.

Nach China kam die Zinnbronze erst in der zweiten Hälfte des 3. Jahrtausends (s. Abschn. 3.7). Mehrfach hatten Archäologen eine eigenständige Entstehung der Bronzetechnologie in Thailand postuliert, die Datierung war jedoch unsicher. Nach neueren Untersuchungen begann die Metallurgie dort deutlich später, und die Technologie stammte möglicherweise aus China (Pryce et al. 2011).

Im Nahen Osten tauchte Zinnbronze fast überall um 3000 v. Chr. auf, blieb aber in der ersten Hälfte des 3. Jahrtausends so selten, dass man fast jedes Objekt einzeln aufzählen könnte. In Mesopotamien (Weeks 2003; de Ryck et al. 2005) ist der Friedhof von Kish (Anfang 3. Jahrtausend) die große Ausnahme, Zinnbronze macht hier ein Drittel der untersuchten Artefakte aus. Im übrigen Mesopotamien war Zinnbronze fast unbekannt, bis 2600 v. Chr. eine regelrechte Massenproduktion begann. Den Anfang machte die Stadt Ur, in deren Königsgräbern plötzlich ein wesentlicher Teil der Objekte aus Zinnbronze bestand. Die Entstehung einer regelrechten Metallindustrie setzte also nicht zwangsläufig voraus, dass es lokale Bodenschätze gab: Hier reichte der Fernhandel und eine ausgeprägte Arbeitsteilung in großen Städten aus, die durch die Produktion von Lebensmittelüberschüssen möglich war.

Ende des 3. Jahrtausends entstand das Akkadische Reich, das erste Großreich, das die bisher unabhängigen Stadtstaaten vereinte und Zinnbronze in ganz Mesopotamien verbreitete.

In Susa (Iran), einer Stadt an der südöstlichen Peripherie Mesopotamiens, gab es schon kurze Zeit vor 3000 v. Chr. die ersten Einzelstücke aus Zinnbronze, nennenswerte Mengen jedoch erst ab Mitte des 3. Jahrtausends. Für das übrige Persien kann man alle Zinnbronze-Objekte des gesamten 3. Jahrtausends an den Fingern abzählen. Fünf davon kommen aus Luristan; sie sind bemerkenswert, weil sie auf etwa 3000 v. Chr. datiert wurden und damit zu den frühesten gehören. Persien produzierte in der gesamten Bronzezeit fast nur Arsenbronze, das änderte sich erst in der Frühen Eisenzeit ab 1200 v. Chr. mit den klassischen Luristan-Bronzen. Das ist erstaunlich, denn es gab dort nicht nur eine lange Tradition der Metallbearbeitung, sondern auch Zinn. Außerdem führten die Handelsrouten zwischen Mesopotamien und Afghanistan durch Persien, über diese wurden vermutlich größere Mengen an Zinn transportiert. Auf der anderen Seite des Persischen Golfs, in Bahrain und den Vereinigten Arabischen Emiraten gibt es Einzelfunde aus dem späten 3. Jahrtausend.

Nordwestlich von Mesopotamien gehören sechs Menschenfiguren von Tell Judaidah (Südtürkei) und einige Objekte von Tell Qara Quzaq (Syrien) zu den ersten Zinnbronzen (frühes 3. Jahrtausend). In Anatolien gibt es ebenfalls einzelne frühe Funde, und in der Mitte des 3. Jahrtausends war die Legierung in ganz Anatolien verbreitet, zum Beispiel in Tarsus, Ahlatibel, Mahmatlar, Horoztepe und Ikiztepe. Die Fürstengräber von Alaca Höyük sind besonders spektakulär: Sie enthielten große Standarten aus Bronze in Form von Sonnensymbolen, Hirschen und Stieren, die mit Gold, Silber oder Elektrum verziert sind (s. Abb. 3.2). Außerdem fand man Gefäße und Schmuck aus Gold.

Aus einer ähnlichen Zeit stammen die frühbronzezeitlichen Schatzfunde aus Troja. Am bekanntesten ist der sogenannte „Schatz des Priamos", den Heinrich Schliemann auf der Suche nach dem von Homer in der *Ilias* beschriebenen Troja ausgrub. Dieser enthielt Goldschmuck, Gefäße aus Gold und Silber, Messer aus Silber, Dolche, Äxte und Speere aus Kupfer. Der Schatz stammt aus Schicht II und ist deutlich älter als König Priamos, steht also mit der *Ilias* nicht in Verbindung. Etwa 60 % der Kupferobjekte aus Troja II enthalten Zinn. In der Umgebung von Troja gibt es weitere wichtige Fundorte derselben Zeit: Beshiktepe, Thermi auf Lesbos und Kastri auf Syros.

Im Kaukasus war Zinnbronze Ende des 3. Jahrtausends verbreitet, ein früherer Fund sind Bronzen aus Gräbern des frühen 3. Jahrtausends in Velikent in Dagestan (Kohl 2002). In der Levante und in Ägypten blieb Zinnbronze hingegen erstaunlich lange so gut wie unbekannt. Die Ägypter bauten zwar um 2500 v. Chr. ihre Pyramiden und produzierten große Mengen an

Abb. 3.2   Standarte aus dem Fürstengrab von Alaca Höyük im Museum für anatolische Zivilisationen in Ankara. (Foto: Florian Neukirchen mit freundlicher Genehmigung des Museums)

Arsenbronze und Gold, begannen aber erst um 1500 v. Chr. mit der Herstellung von Zinnbronze. Dabei hatten sie gute Handelskontakte nach Mesopotamien, und andere technologische Neuerungen wurden schnell zwischen beiden Hochkulturen ausgetauscht.

3.3 Woher kam das Zinn?

Ausgerechnet im Nahen Osten, wo Bronze als Erstes in Erscheinung trat, ist das für die Herstellung dieser Legierung notwendige Zinn äußerst selten. Es muss also in der Frühen Bronzezeit schon einen ausgeprägten Handel mit Metallen und Erzen gegeben haben. Die Frage nach der Herkunft des Zinns wurde oft gestellt, aber bis heute gibt es keine endgültige Antwort.

Einige der Zinnvorkommen können als Herkunft nicht infrage kommen, da es keine Hinweise auf einen Abbau und eine lokale Verwendung von Zinnbronze gibt. Das gilt insbesondere für eine Zinnlagerstätte in der Östlichen Wüste in Ägypten: Die Herstellung von Zinnbronze begann in Ägypten erst im 2. Jahrtausend, und selbst danach bezogen die Ägypter das Zinn überwiegend über die Kulturen im Mittelmeerraum, die über weitreichende Handelskontakte verfügten.

In Anatolien gibt es neben mehreren kleinen Zinnvorkommen auch drei von nennenswerter Größe. Für zwei davon (Sulucadere und Sogukpinar) gilt der bronzezeitliche Zinnabbau als unwahrscheinlich. Eine wichtige Zinnquelle scheint hingegen die Kestel-Mine (Yener 2000) im Taurusgebirge gewesen zu sein. In den Stollen, die von Archäologen auf einer Länge von 1,5 km erforscht wurden, fand man Scherben und Kohlestücke aus der Frühen Bronzezeit, die einen Abbau von 3000 v. Chr. bis 2000 v. Chr. belegen. Die dortigen hydrothermalen Gänge bestehen vor allem aus Hämatit (Fe_2O_3), in dem das Zinnerz Kassiterit (SnO) als staubgroße Körnchen eingeschlossen ist. Das ist untypisch für Zinnlagerstätten und erschwert die Aufbereitung. Auch etwas Gold kommt vor, und es ist möglich, dass Kestel ursprünglich eine Goldmine war. Das in der Mine verbliebene Erz enthält durchschnittlich nur 0,2 % Zinn, wobei es sich wohl um die unökonomischen Reste des bronzezeitlichen Abbaus handelt. Das abgebaute Erz wird auf etwa 1,5 % Zinngehalt geschätzt (Earl und Özbal 1996), nach heutigen Maßstäben wäre es damit gerade noch rentabel gewesen. In Göltepe, zwei Kilometer von der Kestel-Mine entfernt, haben Archäologen die dazugehörige Zinnverhüttung ausgegraben. Hier fand man Steinwerkzeuge, mit denen das Erz zerkleinert wurde, Vorratsbehälter, die gemahlenes Erz und angereicherte Konzentrate enthielten, und massenhaft Scherben von schüsselförmigen Tiegeln. Kassiterit ist nur schwer von Hämatit zu trennen, die angereicherten Konzentrate zeigen jedoch, dass eine effektive Methode entwickelt wurde: Das Erz wurde in einem Tiegel auf etwa 700–900 °C erhitzt, wobei ein Teil des Fe^{3+} zu Fe^{2+} reduziert und damit Hämatit durch Magnetit ersetzt wurde. Der Magnetit kann vom Kassiterit getrennt werden, weil die magnetischen Magnetitkörnchen zusammenklumpen und daher leichter aus einer Waschpfanne gewirbelt werden (Laughlin und Todd 2000). Die Ursache für das Ende des Abbaus lag vermutlich darin, dass Kestel nicht mit dem günstigen Zinn konkurrieren konnte, das in großen Mengen von Händlern aus Mesopotamien (Sumer und Assyrien) verbreitet wurde. Bis in byzantinische Zeit wurde der Abbau jedoch mehrfach wieder aufgenommen.

Obwohl Mesopotamien keine Metalllagerstätten besitzt, gab es hier trotzdem schon in der zweiten Hälfte des 3. Jahrtausends eine regelrechte Massenproduktion von Bronze. Die großen Städte waren auf den Import von Kupfer und Zinn aus den umliegenden Bergregionen angewiesen. Die Kestel-Mine könnte zwar anfangs auch für Nordmesopotamien Zinn geliefert haben, sie war jedoch zu klein, um den Bedarf der ganzen Region zu decken. Im 2. Jahrtausend exportierten assyrische Händler hingegen große Mengen von Zinn und Textilien nach Anatolien und tauschten diese gegen Gold und Silber ein. Sie waren akribische Buchhalter, die ihre Schriftzeichen in Tontafeln ritzten. In Kültepe, einer assyrischen Handelsniederlassung in Zentralanatolien, wurden Tausende Keilschrifttafeln gefunden: Quittungen, Rechnungen, Verträge, Bestellungen und Schuldscheine. Doch woher hatten die Assyrer das Zinn? Keilschrifttexte aus dem 2. und 3. Jahrtausend weisen in eine andere Richtung: Demnach kam das Zinn aus dem Osten. Damit könnte Persien gemeint sein, Zentralasien oder aber Afghanistan.

Im Iran gibt es kaum nennenswerte Zinnvorkommen. Eine Ausnahme sind Quarzgänge in Deh Hosein, im Zagrosgebirge zwischen Isfahan und Sanadadsch. In der erst vor Kurzem entdeckten Lagerstätte (Nezafati 2006; Nezafati et al. 2006, 2008) kommen sogar Zinn- und Kupfererze gemeinsam vor, zusammen mit Gold, Bismut und vor allem Eisen und Arsen. Es könnte also sein, dass Bronze direkt aus gemischten Erzen dieser Mine ausgeschmolzen wurde. In der Bronzezeit wurden die Gänge in offenen, bis zu 15 m tiefen Rinnen abgebaut (Pingen). Keramikscherben und Kohlestücke konnten auf Mitte des 2. Jahrtausends bis ins frühe 1. Jahrtausend datiert werden. Die Mine war sicher wichtig für Bronze im benachbarten Luristan, die in diesem Zeitraum ihre Blütezeit hatte. Da sich die Datierung auf einen mittleren Horizont bezieht, kann es sein, dass der Abbau schon deutlich früher begann. Gegen einen nennenswerten Abbau in der Frühbronzezeit spricht jedoch, dass die Verbreitung von Zinnbronze im Iran erst im 2. Jahrtausend zunahm.

In Zentralasien gibt es zwei wichtige Zinnvorkommen, die in der Bronzezeit abgebaut wurden (Parzinger und Boroffka 2003), doch auch bei diesen scheint der Abbau erst im frühen 2. Jahrtausend begonnen zu haben. Karnab (Usbekistan) befindet sich auf halbem Weg zwischen Samarkand und Buchara. Die maximal einen Meter mächtigen Quarzgänge wurden in der Bronzezeit in bis zu 17 m Tiefe abgebaut. Der fein verteilte Kassiterit ist mit bloßem Auge kaum zu erkennen, und der Zinngehalt des Erzes beträgt nur 2 %.

Die Erzgänge von Muschiston (Tadschikistan) enthalten neben Zinn auch Kupfer. Das primäre Erz ist Stannit (Cu_2FeSnS_4), in der Oxidationszone kommen noch Malachit, Azurit, Kassiterit und die ungewöhnlichen Erze Varlamoffit, $(Sn, Fe)(O, OH)_2$, und Muschistonit, $(Cu, Zn, Fe)Sn(OH)_6$, vor. Das besondere dieser Mischung ist, dass Zinnbronze direkt aus einem Erzklumpen geschmolzen werden kann. Außerdem sind die Metallgehalte des Erzes extrem hoch, in den besten Brocken reichen sie bis 30 % Zinn und 50 % Kupfer. Hängt die Erfindung der Zinnbronze mit diesem ungewöhnlichen Erz zusammen? Die in den Stollen gefundenen Keramikscherben, Holzkohle und Holzstempel wurden auf den Zeitraum zwischen 2400 und 800 v. Chr. datiert. Damit handelt es sich zwar um die älteste Zinnmine, die wir kennen, aber Zinnbronze gab es außerhalb von Zentralasien schon deutlich früher. Außerdem liegt die Mine in einer abgelegenen Region in über 3000 m Höhe, und die damit verbundenen logistischen Schwierigkeiten gleichen die Qualität des Erzes wieder aus.

Die meisten Forscher halten Afghanistan für die wichtigste Zinnquelle der Bronzezeit. Eine ganze Reihe von bedeutenden Zinnlagerstätten ist über das gesamte Land verteilt. Der Sand im Sakartal enthält zum Beispiel Kassiterit, der leicht gewaschen werden kann. Aufgrund der kriegerischen Situation konnten die Vorkommen bisher nicht archäologisch untersucht werden, und wir können den Abbau nur vermuten. Ein Indiz für die Bedeutung des Landes in der Bronzezeit ist, dass Lapislazuli in Mesopotamien und Ägypten sehr beliebt war. Dieser Edelstein kommt nur an wenigen Orten vor, und der wichtigste und nächstgelegene Fundort befindet sich im Norden von Afghanistan. Der Handel zwischen beiden Regionen muss also schon entwickelt gewesen sein.

Der intensive Handel zwischen Mesopotamien und Afghanistan und zwischen Mesopotamien und Anatolien kennzeichnet den Beginn der als Seidenstraße bekannten Handelsrouten. Die Seidenstraße entwickelte sich später zu einem Straßennetz, das vom Mittelmeerraum bis Indien und China reichte und an dessen Knotenpunkten reiche Städte mit großen Basaren lagen. In der Antike kamen bereits Gewürze und Edelsteine aus Indien, Seide aus China und Perlen vom Persischen Golf in den Mittelmeerraum, in die entgegengesetzte Richtung wanderte vor allem Gold. Auch technologisches Wissen, Religionen, Krankheiten und Armeen und nicht zuletzt künstlerische Einflüsse breiteten sich über die Handelsrouten aus. Erst nachdem Vasco da Gama 1497 den Seeweg von Portugal rund um Afrika nach Indien entdeckt hatte, verlor die Route an Bedeutung. In der Bronzezeit kam freilich noch keine Seide über die Seidenstraße, man könnte sie also eher als „Zinnstraße" bezeichnen. Der Handel von Zinn aus Afghanistan und Zentralasien führte zwangsläufig durch den Iran, daher ist es sehr merkwürdig, dass dort Zinnbronze erst im 2. Jahrtausend aufkam, obwohl es bereits eine lange Tradition der Metallverarbeitung gab.

3.4 Mittlere und Späte Bronzezeit im Nahen Osten und am Mittelmeer

Das 2. Jahrtausend wurde im Nahen Osten von mehreren Großreichen beherrscht: In Mesopotamien folgten Assyrien und Babylon aufeinander, die Hethiter herrschten über weite Teile Anatoliens, und in Ägypten entstand erst das Mittlere und dann das Neue Reich. Das Jahrtausend wird üblicherweise in Mittlere Bronzezeit (erste Hälfte des 2. Jahrtausends) und Späte Bronzezeit (Mitte des 2. Jahrtausends bis 1200 v. Chr.) eingeteilt. Im Verlauf der

Mittleren Bronzezeit verdrängte „echte" Bronze mit Zinn endgültig die Arsenbronzen.

In Mesopotamien ist in unserem Zusammenhang vor allem das Reich der Assyrer von Bedeutung, die sehr große Mengen an Metallobjekten produzierten und einen intensiven Handel mit Metallen organisierten, der weit in die angrenzenden Regionen reichte. Das Reich der Hethiter ist hingegen vor allem für seine frühen Eisenobjekte bekannt und wird deshalb in Kap. 4 vorgestellt.

In Ägypten entfaltete das Neue Reich eine beeindruckende Kunstfertigkeit: etwa die Büste der Nofretete, das Tal der Könige, die Tempel in Luxor und Karnak sowie in Abu Simbel. Die starke Expansion des Reiches brachte die wichtige Kupfermine Timna (Israel) in den Besitz der Ägypter, die den Abbau intensivierten. Bis zu diesem Zeitpunkt stammte das Kupfer Ägyptens vor allem aus der Östlichen Wüste und vom Sinai. Beeindruckend sind aber besonders die großen Mengen an fein bearbeiteten Goldobjekten. Am berühmtesten ist natürlich die Totenmaske von Tutanchamun, die zusammen mit einer riesigen Menge weiterer Objekte im Ägyptischen Museum in Kairo ausgestellt ist. Allein der innere Sarg besteht aus 110 kg massivem Gold.

Ägypten ist geologisch gesehen Teil des Nubischen Schilds, der zu den goldreichsten Regionen der Erde zählt. Dieses Gold haben die Menschen bereits im Altertum und im Mittelalter fast vollständig ausgebeutet, und zwar nach Schätzungen etwa 100 Mio. Unzen (Goldfarb et al. 2001). Das ist eine ähnliche Größenordnung wie die gesamte Förderung auf dem Yilgarn-Kraton in Australien, nur wenige Regionen haben mehr Gold geliefert. Allerdings begann der Goldrausch in Nordamerika, Südafrika und Australien erst im 19. Jahrhundert.

Goldhaltige Quarzgänge in Granit sind auch auf der ältesten uns bekannten geologischen Karte eingezeichnet, die außerdem einen wichtigen Steinbruch mit Grauwacke und den Schotter im Talboden zeigt. Der ägyptische Schreiber Amennachte zeichnete den Papyrus um 1160 v. Chr. für den Pharao Ramses I, die nächste geologische Karte entstand erst 2900 Jahre später, Mitte des 17. Jahrhunderts in Frankreich. Der Papyrus zeigt einen etwa 15 km langen Abschnitt des Wadi Hammamat, das in der Östlichen Wüste Ägyptens zwischen Nil und dem Roten Meer liegt, in einem variablen Maßstab (Harrell und Brown 1992). Er wurde Anfang des 19. Jahrhunderts zusammen mit weiteren Schriften im Familiengrab des Schreibers in Deir el-Medina gefunden, einer kleinen Siedlung bei Luxor, in der Arbeiter für den Bau der Nekropole im Tal der Könige lebten. Bernadino Drovetti, Napoleons Generalkonsul in Ägypten, verkaufte den Papyrus an den König von Sardinien-Piemont, der weniger Jahre später das ägyptische Museum in Turin gründete. Hier ist die Karte heute noch zu sehen.

Im Mittelmeerraum ist in der Mittleren Bronzezeit die minoische Kultur von Bedeutung, die ihr Zentrum auf Kreta hatte und einen weitreichenden Seehandel führte. Ihre Blüte endete mit einer der heftigsten Vulkaneruptionen, die jemals von Menschen beobachtet wurde: der Minoischen Eruption des Santorin kurz vor 1600 v. Chr. (Friedrich et al. 2006), von der sich die minoische Kultur nie erholte. Zweihundert Jahre später ging sie unter. In der Frühen Bronzezeit waren auch die Kulturen auf den Kykladeninseln wichtig, wo kleinere Kupfervorkommen, etwa auf Serifos, für die Herstellung von Arsenbronze ausgebeutet wurden. In der Späten Bronzezeit war Mykene auf dem Peloponnes von Bedeutung.

Die Metallproduktion nahm im Verlauf des 2. Jahrtausends im gesamten Nahen Osten deutlich zu. Das drückt sich auch in der Anzahl der Metallfunde aus: In Anatolien fand man aus der Mittleren Bronzezeit die hundertfache Menge im Vergleich zur Frühen Bronzezeit, in Mesopotamien immerhin die 25-fache Menge (Avilova 2009). In der Mittleren Bronzezeit begann man, durch bewusste Zugabe von zusätzlichen Stoffen die Schlackenbildung zu optimieren. Eine weitere wichtige Innovation war der Blasebalg (Davey 1979), der die Öfen unabhängig von Wind und Flauten machte. Die ältesten Modelle aus der Mittleren Bronzezeit sind aus Anatolien und Mesopotamien bekannt, wobei mit unterschiedlichen Konstruktionen experimentiert wurde. In der Späten Bronzezeit setzte sich in der gesamten Region der Topfblasebalg durch. Er bestand aus einem Topf aus Stein oder Keramik, der oben mit einer Tierhaut geschlossen war – ähnlich wie eine Trommel, nur war das Trommelfell nicht gespannt. Ein Wandgemälde aus einem ägyptischen Grab zeigt, wie dieser eingesetzt wurde: Ein Mann steht mit den Füßen auf einem Paar von Blasebälgen und belastet abwechselnd die Felle mit den Füßen. Das entlastete Fell wird gleichzeitig mit einer Schnur nach oben gezogen. Die Luft wird durch eine Öffnung aus dem Topf in ein Rohr gedrückt, das in den Ofen führt. Was die eingesaugte Luft angeht, gab es zwei Modelle. Das eine besaß ein Ventil aus Tierhaut, beim anderen war das Rohr so mit dem Ofen verbunden, dass Luft von außerhalb des Ofens angesaugt wurde. In den Ofen selbst gelangte die Luft durch Tondüsen, die in vielen Ausgrabungen gefunden wurden. Die Luftzufuhr wurde damit gegenüber Blasrohren oder dem Wind um ein Vielfaches vergrößert. Mit dieser Technologie konnten deutlich größere Öfen gebaut und höhere Temperaturen erreicht werden, außerdem waren die reduzierenden Bedingungen im Inneren besser zu kontrollieren. Die Öfen standen nun nicht mehr zwangsläufig auf Hügeln. Der Aufbau des typischen Schachtofens, der Ende der Bronzezeit weit verbreitet war, wurde bis in die Neuzeit nicht wesentlich verändert (s. Abb. 3.3). Dabei handelt es sich um gemauerte Kamine, damals mit Durchmessern von 25–100 cm und

Abb. 3.3   Schachtöfen im 16. Jahrhundert auf einem Holzschnitt von Agricola (1556), die in diesem Fall der Bleiverhüttung dienten. Links reinigt ein Arbeiter einen aufgebrochenen Ofen. In der Mitte wird gerade die Schmelze abgestochen. Rechts schöpft ein Schmelzer das Blei aus dem Vorherd

etwa doppelt so hoch, die mit Erz und Kohle befüllt wurden. Nach jedem Durchlauf musste der Ofen auf einer Seite geöffnet und geleert werden.

Waffen und Werkzeuge machten nun einen größeren Anteil der Produktion aus. Zypern wurde schlagartig zum wichtigsten Kupferproduzenten der Region, worauf auch der lateinische Name des Metalls, *cuprum*, zurückgeht, von dem wiederum das deutsche Wort „Kupfer" ableitet ist. Laurion in Attika war für den griechischen Raum ebenfalls von Bedeutung (Gale und Stos-Gale 2002). Der Metallhandel florierte. Zinn war in der Späten Bronzezeit so leicht zu bekommen, dass Zinnbronze im ganzen Nahen Osten endgültig die Arsenbronze ersetzte.

Das Schiffswrack von Uluburu aus dem 14. Jahrhundert v. Chr., das Taucher 1882 vor der türkischen Küste nahe Kaş fanden, zeigt die Ausmaße des Handels im Mittelmeerraum der Späten Bronzezeit (Pulak 2000). Es enthielt 479 Kupferbarren mit einem Gesamtgewicht von etwa 10 t, etwa 1 t Zinnbarren und 350 kg Blauglas zusammen mit Delikatessen, Olivenöl, Keramik, Schmuck, Waffen und Werkzeugen. Typisch für die Späte Bronzezeit am Mittelmeer besaß die Mehrzahl der Kupferbarren die sogenannte Ochsenhautform. Das Kupfer stammte aus Zypern, die Herkunft der Zinnbarren konnte leider noch nicht bestimmt werden. Die anderen Waren kamen aus dem gesamten östlichen Mittelmeerraum, daher ist die Route des Schiffes nicht ganz klar.

Neben den Minen in Zentralasien und Vorkommen auf dem Balkan kam möglicherweise bereits Zinn aus dem westlichen Mittelmeerraum in die griechische Welt. Die Phönizier, deren Blütezeit gegen Ende der Späten Bronzezeit begann und über die Frühe Eisenzeit bis in die klassische Antike reichte, unterhielten im ganzen Mittelmeerraum Handelskolonien, etwa im Süden der Iberischen Halbinsel. Daher ist es relativ wahrscheinlich, dass in griechischen Bronzeartefakten Zinn aus Portugal enthalten ist. Dass die Griechen auch in Cornwall Zinn kauften, ist wohl eher eine Legende. Hier passt ein schönes Zitat von Plinius dem Älteren, der 77 n. Chr. in seiner *Naturgeschichte* schrieb:

Vom kostbaren Zinn wird die Legende erzählt, dass es bis zu den Inseln des Atlantiks gesucht und von dort in Schiffen, die aus Reisig geflochten und mit Leder umnäht sind, hergebracht werde. Nun ist es gewiss, dass es in Lusitanien [Portugal], auch in Galicien [Spanien] erzeugt wird, wo das Erdreich sandig und von schwarzer Farbe ist. Man kann es allein durch das Gewicht finden. In trockenen Bachbetten kommen auch graupengroße Körner vor. Die Bergleute schwemmen den Sand und was sich zu Boden setzt, schmelzen sie in Öfen. Auch in Goldgruben kommen schwarze Graupen vor, die ebenso schwer wie Gold sind, sie bleiben beim Waschen zusammen mit Gold in den Körben zurück.

Auch die eurasische Steppenregion, die sich von der Ukraine über Zentralasien bis Südsibirien erstreckt, war längst kein Randgebiet mehr (Chernykh
2008). Bereits in den Jahrhunderten um 2000 v. Chr. gab es zwei schnelle Mi-
grationswellen von Steppenbewohnern, die in entgegengesetzte Richtungen
führten. Die verwandten Kulturen Abashevo und Sintashta breiteten sich von
Don und Wolga aus nach Osten bis nach Sibirien aus, in die entgegengesetzte
Richtung die vom Altai stammenden Seima-Turbino. Beide Wanderungsbewegungen brachten sehr unterschiedliche Bronzewaffen und Gusstechniken
mit. In der Folge bildeten sich im gesamten Steppengürtel von der Ukraine
bis zur Mongolei mehrere Kulturen aus, die als Nomaden auf einer riesigen
Fläche lebten und stark von ihren jeweiligen Nachbarkulturen beeinflusst wa-
ren. Am östlichen Rand des Südurals entstanden auch befestigte Zeltstädte.
Erzvorkommen sind innerhalb des Steppengürtels (zum Beispiel Kasachstan,
Mongolei) und vor allem an seinen Rändern (Kaukasus, Südural, Tian Shan,
Altai) in großer Menge vorhanden.

3.5 Kontamination und Krankheiten

Die Entwicklung der bronzezeitlichen Industrie ging mit der ersten massiven
Umweltverschmutzung in der Geschichte der Menschheit einher. In der Umgebung der wichtigsten Bergbaureviere und Verhüttungsöfen kam es zu einer
Schwermetallverseuchung, die häufig ein gesundheitsschädliches Niveau erreichte. Mit verantwortlich war die primitive Technologie, die noch nicht sehr
effizient war. Gase und Rußpartikel gelangten bei der Verhüttung direkt in
die Atmosphäre. Relativ große Mengen der Metalle blieben in der Schlacke
und in der Asche, die beide in die Umwelt entsorgt wurden. Hinzu kam noch
belastetes Wasser aus den Gruben. Gut dokumentiert ist die Schwermetallbelastung im Wadi Faynan in Jordanien, die bereits im Chalkolithikum begann (Grattan et al. 2007; Hauptmann 2007), in der Bronzezeit auf ein hohes
Niveau anstieg und in der Antike extreme Ausmaße annahm.

In Südspanien, wo im 3. Jahrtausend v. Chr. eine regelrechte Kupferindustrie
entstand, konnte die damit einhergehende Schwermetallbelastung in Flüssen
anhand von Brackwassermuscheln aus Ausgrabungen dokumentiert werden
(Nocete et al. 2005). Eine Analyse der Pollen aus datierten Schichten zeigt,
dass gleichzeitig der Baumbestand zugunsten von Büschen und Kräutern verschwand, ein Anzeichen für den hohen Brennholzbedarf.

Ein besonderes Problem der Bronzezeit muss Arsen gewesen sein, das bei
der Produktion von Fahlerzkupfer und Arsenbronze in größeren Mengen als
As_2O_3 verdampft. Die Umgebung der bronzezeitlichen Produktionsstätten war
großflächig arsenverseucht, und das giftige Metall wurde über Trinkwasser und

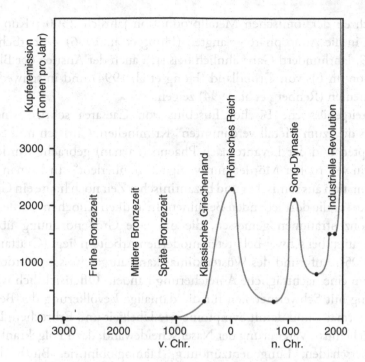

Abb. 3.4 Jährliche Emission von Kupfer in die Atmosphäre, ermittelt aus der Konzentration im Eis eines Bohrkerns aus Grönland. Auffällig ist die starke Emission während der römischen Antike mit 2300 t pro Jahr. Danach brach die Kupferproduktion für mehrere Jahrhunderte ein, die Emission im frühen Mittelalter glich derjenigen der klassischen griechischen Antike mit 300 t pro Jahr. Ein zweiter Peak (11. und 12. Jahrhundert) geht in erster Linie auf die Song-Dynastie in China zurück. Die Emission in römischer Zeit wurde erst im 20. Jahrhundert übertroffen; 1990 betrug sie das Zehnfache, nach Hong et al. (1996)

Nahrungsmittel auch von den Menschen aufgenommen. Selbst der „Ötzi", eine vom Gletschereis der Ötztaler Alpen konservierte Leiche aus der Kupferstein-zeit, hatte eine hohe Arsenkonzentration in den Haaren, obwohl es sich eindeu-tig nicht um einen Metallarbeiter handelte. Das zeigt, dass auch Menschen, die nicht direkt in der Metallproduktion involviert waren, einer hohen Arsenbelas-tung ausgesetzt waren. Zum Teil wurden in bronzezeitlichen Knochen extrem hohe Arsengehalte gemessen, die allerdings nicht zwangsläufig schon zu Lebzei-ten aufgenommen worden sind, sondern oft erst im Grab: In feuchtem Klima reichert sich Arsen aus belastetem Boden so effektiv in Knochen an, dass die-se wesentlich höhere Gehalte erreichen können als der Boden selbst (Özdemir et al. 2010). Das erschwert natürlich die Interpretation gesundheitlicher Folgen.

Noch extremere Ausmaße nahm die Kontamination mit Schwermetallen während der römischen Antike an. Eindrucksvoll zeigte sich dies weit entfernt im Gletschereis von Grönland (s. Abb. 3.4). Aus der Kupferkonzentration im entsprechend datierten Abschnitt eines Bohrkerns wurde errechnet, dass zur Hochzeit der römischen Metallproduktion jährlich 2300 t Kupfer mit Abgasen in die Atmosphäre gelangten (Hong et al. 1996) – deutlich mehr als im 19. Jahrhundert! Ganz ähnlich ließ sich auch der Anstieg der Bleikontamination im Eis von Grönland (Hong et al. 1994) und in schwedischen Seesedimenten (Renberg et al. 1994) zeigen.

Der zeitgenössische Bischof Eusebius von Caesarea schrieb eindrücklich, dass die „zum Metall verdammten" Kriminellen, Christen und Sklaven aus Ägypten und der Levante nach Phaeno (Faynan) gebracht wurden, wo „selbst ein verurteilter Mörder nur wenige Tage überlebt". In Faynan ist die Kontamination aus römischer und byzantinischer Zeit noch heute ein Gesundheitsrisiko für die dort lebenden Beduinen. In antiken Knochen wurden sogar Kupferkonzentrationen gemessen, die um eine Größenordnung über der Konzentration bei schwer belasteten modernen Arbeitern liegt (Grattam et al. 2002, 2005). Aufgrund des Wüstenklimas kann ausgeschlossen werden, dass es sich um eine nachträgliche Anreicherung handelt. Offensichtlich war eine Vergiftung mit Schwermetallen für die damalige Bevölkerung der Bergbaugebiete normal – und damit Symptome wie Übelkeit und Erbrechen, Durchfall, Speichelfluss, Vereiterung der Nasenscheidewand; dazu Folgekrankheiten wie Leberschäden, Lungenentzündung, Hämoglobinurie, Bluthochdruck und Herzrasen, Nierenversagen, Leber- und Lungenkrebs; einhergehend mit Erbgutschäden und einem frühen Tod.

3.6 Kupfer und Bronze in Mitteleuropa

Mitteleuropa war in der Frühgeschichte zunächst eher ein Randgebiet der Metallurgie: Fast alle Innovationen nahmen auf dem Balkan und in den Karpaten ihren Ausgang und breiteten sich langsam bis nach Ostdeutschland und in den Alpenraum aus (Krause 2003). Hinzu kam wenig später die zweite Ausbreitungsrichtung aus Spanien, die über Frankreich bis zur Westschweiz und zu den Britischen Inseln reichte. Vom Beginn der Kupferverhüttung auf dem Balkan dauerte es ein gutes Jahrtausend, bis sich das Wissen nach Mitteleuropa ausgebreitet hatte (s. Abb. 3.5). In diesem Zeitraum kamen jedoch bereits die ersten Kupferartefakte wie Flachbeile als exotische Importe aus dem Osten.

Um 3800 v. Chr. begann die erste selbstständige Verarbeitung und damit die Kupfersteinzeit: im Alpenraum am Mondsee (Österreich) und durch die Pfyner Kultur am Bodensee. Noch etwas älter sind Funde aus Brixlegg (Österreich), wo offensichtlich Fahlerz in winzigen Mengen verarbeitet wurde (Höppner et al. 2005). In den Alpen hörte die Kupferproduktion allerdings schon 3400 v. Chr. wieder auf, wir wissen nicht, ob die benötigten Erze der Oxida-

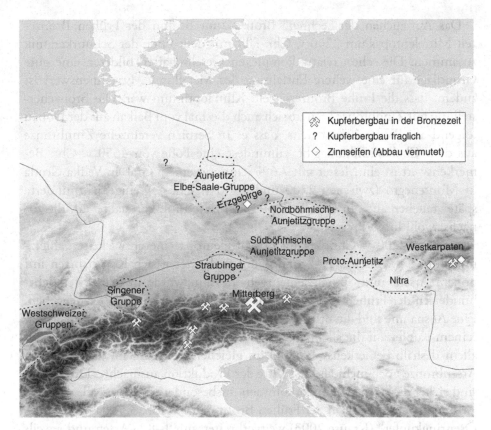

Abb. 3.5 Kulturkreise und Bergbau während der Frühen Bronzezeit in Mitteleuropa

tionszone zur Neige gingen oder ob es an gesellschaftlichen Veränderungen lag. In Ostdeutschland begann die Verarbeitung ebenfalls etwa 3800 v. Chr. durch die Trichterbecherkultur, zunächst mit importiertem Kupfer (aus den Ostalpen oder Karpaten), ab 3300 v. Chr. mit lokalem Kupfererz. Das Metall hatte aber offensichtlich nur eine geringe Bedeutung und diente vor allem dem Prestige privilegierter Personen. Auf dem Balkan war derweil schon eine regelrechte Massenproduktion von Schmuck, Nadeln, Beilen und Äxten im Gange.

Mit dem Kulturkreis der Schnurkeramik (etwa 2800 bis 2200 v. Chr.), der sich zwischen Elsass, Skandinavien und Ostdeutschland ausbreitete, nähern wir uns dem Ende der Jungsteinzeit. Damit mischte sich das Phänomen der Glockenbecherkultur, die offensichtlich auf einer Migration aus dem Westen beruhte. In Tschechien und Ostdeutschland setzte sich die Kupferproduktion kontinuierlich fort, im Alpenraum wurde sie erneut aufgenommen, Kupferfunde dieser Zeit sind in Südbayern und der Schweiz häufig. Nun gelangten wohl öfter Fahlerze in die Öfen, Fahlerzkupfer mit geringem Arsengehalt war weit verbreitet.

Das Auftauchen der „echten" Bronze zum Beginn der Frühen Bronzezeit Mitteleuropas um 2200 v. Chr. fällt mit dem Ende der Schnurkeramik zusammen. Die schon relativ komplexen Gesellschaften bildeten eine gute Grundlage für eine weitere Entfaltung der Metallurgie. Erwähnenswert ist zudem, dass die Frühe Bronzezeit ein Klimaoptimum war. Die Bronzeherstellung mit Zinnbronze breitete sich auch diesmal vom Balkan aus der Donau folgend aus. Wir wissen bereits, dass es in Serbien vereinzelte Zinnbronze aus dem Chalkolithikum gibt, zumindest eine Folie von 4650 v. Chr. Bemerkenswert ist ein Messer mit 7,6 % Zinn aus einem Grab in Velika Gruda in Montenegro (zwischen 2700 und 2800 v. Chr.). Wenige Jahrhunderte später tauchen auch in Mitteleuropa vereinzelte Bronzeartefakte auf, die zunächst wohl Importe waren.

Ab etwa 2200 v. Chr. begann in Mitteleuropa eine entwickelte Fahlerzmetallurgie (s. Abschn. 2.4), und damit verbreiteten sich Kupfersorten mit hohem Arsen- und Spurenelementgehalt. Zinn wurde in den ersten Jahrhunderten der Frühen Bronzezeit nur selten und nur sparsam dazugegeben. Eine Ausnahme sind die Britischen Inseln: Dort stieg man mit einem Mal von reinem Kupfer auf die alleinige Produktion von Zinnbronze um. Das ist vor allem deshalb bemerkenswert, weil im gleichen Zeitraum im Nahen Osten Arsenbronze noch mehr als die Hälfte der Produktion ausmachte. Der Grund sind sicher die reichen Zinnvorkommen, insbesondere in Cornwall.

In Mitteleuropa war in der Frühen Bronzezeit (s. Abb. 3.5) das „klassische Ösenringkupfer" (Krause 2003) weitverbreitet, mit 1–8 % Arsen und jeweils etwa 1 % Antimon und Silber. Das ebenfalls weitverbreitete Kupfer vom Typ „Singen" enthielt zudem noch Nickel. Dass solche einheitlich zusammengesetzten Kupfersorten in ganz Mitteleuropa nebeneinander auftauchten, ist erstaunlich: Handelte es sich um die Produkte unterschiedlicher Regionen oder gab es Rezepte, um gezielt eine gewünschte Sorte herzustellen?

Das Gräberfeld von Singen gehört zu den ältesten Fundorten der Frühen Bronzezeit. Die meisten Objekte bestehen aus Fahlerzkupfer vom Typ Singen, lediglich vier Dolche sind aus echter Bronze mit mehreren Prozent Zinn. Der Form nach handelt es sich bei diesen um Importe aus dem südenglischbretonischen Raum. Es ist daher anzunehmen, dass auch das Zinn zunächst vor allem aus Cornwall kam.

In der Aunjetitzer Kultur nahm etwas später die Produktion von Fahlerzkupfer sprunghaft zu, das nun regelmäßig mit schwankenden Zinnanteilen zu Bronze legiert wurde. Diese Kultur hatte sich in Böhmen und Ostdeutschland aus den spätneolithischen Kulturen entwickelt. Das legt nahe, dass die Zinnseifen im Erzgebirge abgebaut wurden, auch wenn es bisher keine entsprechenden Beweise gibt. Leider kann die Herkunft von Zinn bisher nicht anhand einer Analyse der Bronze ermittelt werden. Der Vergleich der Bleiisotope in Bronzeartefakten und Erzproben legt nahe, dass kein Kupfer aus dem Erzgebirge benutzt wurde, was jedoch nicht ausschließt, dass Zinn aus den Flüssen gewaschen wurde. Ein Teil des Kupfers könnte vom Rammelsberg im Harz stammen (Niederschlag et al. 2003), davon abgesehen kommen nur weiter entfernte Kupferlagerstätten wie die Ostalpen und die Karpaten infrage. Neue Gusstechniken wie Zweischalenguss, Überfangguss und das Wachsausschmelzverfahren machten einen neuen Formenreichtum möglich. Neben lokalen Innovationen war auch der Einfluss aus dem Osten präsent: Das zeigt beispielsweise eine Lanzenspitze, die Formen aus der Ägäis nachahmt.

Ein spektakulärer Neufund aus der Frühen Bronzezeit ist die Himmelsscheibe von Nebra, die Raubgräber 1999 bei Nebra in Sachsen-Anhalt fanden und die heute im Landesmuseum in Halle ausgestellt ist. Es handelt sich um eine runde Bronzescheibe mit 32 cm Durchmesser, auf der aus Goldblech gefertigt Sonne, Mond und Sterne angebracht sind. Als die Scheibe etwa 1600 v. Chr. in einem Depot zusammen mit anderen Bronzeobjekten vergraben wurde, war sie vermutlich schon mehrere hundert Jahre alt. Die Herkunft des Kupfers konnte anhand der Bleiisotope nachverfolgt werden, es stammte aus Mitterberg nahe Salzburg. Die Zusammensetzung des Goldes ist mit demjenigen aus Cornwall identisch, von wo vermutlich auch das Zinn kam.

Die vielleicht typischsten Objekte der Frühen Bronzezeit sind Ösenringe und Spangenbarren. Die handlichen Spangenbarren dienten vor allem dem Transport von den Kupferminen zu entfernten Siedlungen: Man goss das Kupfer in einer offenen Form zu Stangen, die mit Hammerschlägen in rippenförmige Bogen geschlagen wurden. Weniger klar ist die Bedeutung der Ösenringe. Sie sind intensiv durch Hämmern bearbeitet, was gegen die Interpretation spricht, dass es sich um eine andere Barrenform handelt. Wahrscheinlich waren es Halsringe, die als Statussymbole dienten und eine frühe Form von Tauschhandel ohne Geld ermöglichten. Die meisten bestanden aus dem „klassischen Ösenringkupfer", das vermutlich aus dem Salzburger Raum stammte. Die Verarbeitung von Spangenbarren zu Ösenringen war offensichtlich in den ersten Jahrhunderten der Frühen Bronzezeit eine verbreitete dezentrale Heimindustrie. Aus den späteren Jahrhunderten der Frühen Bronzezeit sind hingegen Depotfunde mit Spangenbarren häufiger. Butler (2002) mutmaßt, dass zu viele Ösenringe im Umlauf waren und das Tauschsystem zusammenbrach.

Am Ende der Frühen Bronzezeit waren die wichtigsten Verfahren der Metallbearbeitung bereits bekannt. In der Mittleren und Späten Bronzezeit setzte sich Zinnbronze endgültig durch, die Menge nahm zu und der Stil änderte sich etwas. In der Späten Bronzezeit kamen neue Produkte hinzu: Helme und Panzer, Tassen und Eimer, Rasiermesser und Sicherheitsnadeln. Die Kulturen der Mittleren (1600–1300 v. Chr.) und Späten Bronzezeit

(1300–800 v. Chr.) unterschieden sich aber vor allem durch ihre Gräber. Die Mittlere Bronzezeit, in der ein kühleres Klima herrschte, ist in Mitteleuropa durch die Bestattung in Hügelgräbern gekennzeichnet. In der Späten Bronzezeit, in der sich das Klima wieder erwärmt hatte, wurde hingegen meist in Urnengräbern bestattet.

Mitterberg bei Salzburg (Breitenlechner et al. 2014) war in diesem Zeitraum die wichtigste Kupfermine, um die sich eine auf Kupferproduktion spezialisierte Gesellschaft entwickelt hatte. Der wichtigste Teil der Lagerstätte ist ein System von hydrothermalen Gängen entlang einer Verwerfung, in der vor allem große Mengen Chalkopyrit zusammen mit Pyrit, Fahlerz und anderen Mineralen vorkommen. Der erste Abbau von oxidischen Erzen direkt an der Oberfläche erfolgte hier in der Frühen Bronzezeit. Zu Beginn der Mittleren Bronzezeit begann man aber, das reichlich vorhandene primäre Erz zu verhütten, und es gab einen enormen Anstieg der Produktion, die bis in die Frühe Eisenzeit fortgesetzt wurde. Allein aus dem Hauptteil des Gangsystems wurden in diesem Zeitraum 15.000 t Kupfer gewonnen, was bei den einfachen Methoden eine erstaunliche Leistung ist. Der Bergbau erfolgte zunehmend in Schächten und Stollen, die mit Holzstempeln abgestützt und mit Leitern und Treppen ausgebaut waren. Das Gestein wurde durch Feuersetzen aufgelockert und mithilfe von Spitzhacken aus Bronze abgebaut (Stöllner 2010). Die Verhüttung fand in der weiteren Umgebung im Wald statt, also möglichst nah am Brennmaterial. In den Ostalpen gab es weitere wichtige Kupferreviere wie Kitzbühel, Brixlegg und Schwaz in Tirol, die Obersteiermark und Südtirol. Von zunehmender Bedeutung war auch der Abbau von Steinsalz, insbesondere in Hallstatt. Selbst innerhalb der Ostalpen zeigten sich große lokale Unterschiede, was die Objekte, Grabbeigaben und auch die Konstruktion der Schachtöfen angeht (Stöllner 2010).

Während im Nahen Osten das „Zinnproblem" der Archäologen darin besteht, dass es kaum Zinnlagerstätten gibt, kommen in Europa gleich mehrere Vorkommen als frühe Zinnquellen infrage. Es gibt große Vorkommen in Cornwall, im Erzgebirge, in den Westkarpaten und in Portugal. Kleine Vorkommen finden sich auf Sardinien, in der Toskana, in der Bretagne und auf dem Balkan. Allerdings hat man nur in Cornwall und in der Bretagne Spuren von bronzezeitlichem Zinnabbau gefunden. Damit stellt sich die Frage, ob, wann und in welchem Umfang andere Vorkommen ausgebeutet wurden. Ein Beispiel ist die Aunjetitzer Kultur auf beiden Seiten des Erzgebirges, die in den Bergen selbst keine Spuren hinterlassen hat. Dennoch ist es möglich, dass hier Kassiterit aus Zinnseifen gewaschen wurde (Niederschlag et al. 2003). Hinweise auf das Waschen von Zinnerz aus Flussbetten sind natürlich nicht so leicht zu finden wie der Abbau von Kupfererz in Bergwerken. Es ist also möglich, dass die Spuren durch den späteren Zinnabbau verwischt wurden.

Die Bronzedolche aus Singen sind hingegen offensichtlich Importe aus dem südenglisch-bretonischen Raum und legen nahe, dass schon sehr früh auch Zinn aus Cornwall nach Mitteleuropa importiert wurde (Krause 2003).

3.7 China

Während in anderen Regionen Zivilisationen aufstiegen und wieder zusammenbrachen, bestand in China fast 4000 Jahre lang eine Hochkultur, die sich relativ eigenständig entwickelte und trotz äußeren Einflüssen und internen Umbrüchen ihre Eigenheiten und charakteristischen Formen bewahrte. Auch China kannte Krisen und Bürgerkriege, aufblühende und kollabierende Dynastien, aber selbst wenn die Mongolen über China herrschten, wurden sie von der Kultur assimiliert.

In China begann die „neolithische Revolution" unabhängig von äußeren Einflüssen etwa 7000 v. Chr. In den folgenden Jahrtausenden entwickelten die Menschen eine außergewöhnliche Fertigkeit in der Bearbeitung von Jade, und sie begannen, Seidenraupen zu züchten – Metalle verwendeten sie hingegen erst erstaunlich spät. In der klassischen chinesischen Terminologie endet das Neolithikum sogar erst um 1600 v. Chr.

Es gibt aber auch sporadische frühere Metallartefakte aus dem 3. Jahrtausend (Yunxiang 2003; Linduff et al. 2000). Dabei sind vor allem vier Regionen zu nennen, die sich kulturell und metallurgisch – in der Art der Objekte, der Zusammensetzung der Metalle und der Bearbeitungsmethoden – deutlich voneinander unterschieden: die zentrale Ebene am Gelben Fluss (Henan, Shanxi), die Shandonghalbinsel an der Ostküste, der Nordosten mit der Inneren Mongolei und der Nordwesten mit Gansu und Qinghai. Auffällig ist, dass ganz anders als im Nahen Osten schon zu Beginn nicht nur Kupfer, sondern auch Kupferlegierungen verwendet wurden, insbesondere Zinnbronze und Blei-Zinn-Bronze. Arsenbronze ist hingegen sehr untypisch für China, auch wenn diese Legierung an manchen Fundorten auftritt, wo auch entsprechende lokale Erze vorhanden sind. Interessanterweise tauchen zur gleichen Zeit auch Metallartefakte in den angrenzenden Steppenregionen in Südsibirien und Zentralasien auf, und es ist relativ wahrscheinlich, dass die Metallurgie durch die Steppenbewohner nach China gelangte – wo sie sich aber ganz anders als im Westen weiterentwickelte. Bemerkenswert ist, dass die früheren Metallobjekte in Gräbern jeder gesellschaftlichen Schicht beigelegt wurden – offensichtlich waren Metalle nicht nur den Eliten vorbehalten. Gold und Silber verwendete man nur an sehr wenigen Orten, obwohl beide in China vorhanden sind.

Die ältesten bekannten Objekte fand man im Nordwesten, darunter ein Bronzemesser der Majiayao-Kultur aus dem frühen 3. Jahrtausend. In dieser Region hinterließ die Siba-Kultur (frühes 2. Jahrtausend) besonders viele Artefakte aus Kupfer und Bronze, darunter Äxte, Speer- und Pfeilspitzen, Spiegel und Schmuck. Die relativ kleinen Objekte waren fast alle gegossen und anschließend nicht geschmiedet, was typisch für viele chinesische Bronzen ist. Dass diese Kultur Pferde opferte, könnte ein weiterer Hinweis auf den Einfluss der Steppenbewohner sein.

In der zentralen Ebene am Gelben Fluss gibt es erste Kupfer- und Bronzeartefakte aus einer ähnlichen Zeit, vor allem kleinere Werkzeuge und persönliche Objekte. Auch hier waren die frühen Gesellschaften nicht sehr hierarchisch. Einen bedeutsamen Wechsel zeigen die auf 1750–1530 v. Chr. datierten Schichten der Ausgrabung von Erlitou in Henan (Linduff et al. 2000; Campbell 2014), einer Stadt mit großen „Tempelpalästen" aus gestampfter Erde, in der auch eine Metallwerkstatt mit Schlacken, Metallresten, Schmelztiegeln und Gussformen gefunden wurde. Diese Stadt war möglicherweise das Zentrum der Xia, laut alten Schriften die erste chinesische Dynastie (deren Existenz aber umstritten ist). Hier tauchen nun erstmals die rituellen Bronzegefäße auf, die so typisch für China sind. Für den Guss fertigte man eine Form aus Ton an, die im ersten Schritt aus mehreren Schichten bestand, einschließlich einer Schicht in Form des späteren Objekts. Das Ergebnis zerlegte man in einzelne Teile und setzte daraus eine hohle Form zusammen, in die das flüssige Metall gegossen wurde. An ein halb fertiges Gefäß konnte man weitere Formen für die Beine anbringen und weitere Schmelze einfüllen. Diese Bronzegefäße waren deutlich größer als die früheren Objekte und reicher verziert. Im Gegensatz zu den älteren Kulturen dieser Region gab es nun keine Metallwerkzeuge mehr; Metalle fanden sich in großer Menge, aber nur in Gräbern der Eliten. Dabei handelt es sich durchweg um Zinnbronzen oder Zinn-Blei-Bronzen. Außerdem enthielten die Gräber sehr viele Objekte aus Jade.

Es folgte die Shang-Dynastie (1600–1046 v. Chr.), die nicht nur die chinesische Schrift einführte, sondern auch erstmals einen größeren Staat schuf, der sich entlang des Gelben Flusses erstreckte. Diese Dynastie perfektionierte den Bronzeguss. Die rituellen Gefäße waren nun reichlich mit stark abstrahierten Tieren und Phantasiewesen verziert, die als Hochrelief hervorstanden. Es gab eine größere Anzahl unterschiedlich geformter Gefäßtypen, die jeweils einen eigenen Namen haben, wobei sie nach drei Hauptfunktionen unterteilt werden: Speisegefäße (Kochgefäße, Behälter), Weingefäße (Behälter, Weinwärmer, Trinkbecher) und Wassergefäße. Aus Bronze wurden aber auch Glocken, Trommeln, Waffen, Werkzeuge und Schmuck hergestellt. Dabei handelt es sich durchweg um Zinnbronzen oder Blei-Zinn-

Bronzen (Mei et al. 2009). Ein geringer Bleigehalt verbessert die Fließeigen-
schaften beim Guss, während ein höherer Gehalt die Qualität des Metalls
deutlich beeinträchtigt.

Neben dem Staat der Shang gab es in China auch andere Kulturen, die sich
stark von diesem unterschieden. Bemerkenswert sind die Funde in Sanxingdui
(Sichuan). Hier fand man finster dreinblickende Bronzeköpfe mit Masken
aus Goldfolie, skurrile Masken mit den Gesichtern von Fabelwesen und eine
2,6 m hohe stehende Menschenfigur.

Angeblich tranken die Shang so viel Wein, bis ihre Herrschaft nicht mehr
legitimiert werden konnte und die Zhou die Macht übernahmen (1046–256
v. Chr.). Während der Zhou-Dynastie wurden dann auch mehr Speise-
und weniger Weingefäße angefertigt. Es gelang sogar die Herstellung noch
größerer Gefäße, die zum Teil mehr als 200 kg wogen und eleganter und
fließender verziert waren als zuvor.

Eisen wurde ab dem 9. oder 8. Jahrhundert v. Chr. in der heutigen Provinz
Xinjiang hergestellt, die damals nicht zum Reich gehörte. Vermutlich führten
Nomaden aus Zentralasien die Technologie ein. In China selbst blieben
Eisenobjekte aber noch extrem selten. Das änderte sich in der späten Zhou-
Zeit im 5. Jahrhundert v. Chr. mit einer massenhaften Produktion von Guss-
eisen in Hochöfen, das gegossen oder in schmiedbaren Stahl umgewandelt zu
Waffen und Werkzeugen für die Landwirtschaft verarbeitet wurde – während
in Europa Gusseisen bis ins späte Mittelalter unbekannt war (s. Abschn. 4.2
und 5.1). Bronze blieb aber weiterhin das vorherrschende Metall für rituelle
Gefäße. Übrigens fallen auch die Anfänge von Konfuzianismus und Taois-
mus in die späte Zhou-Zeit, außerdem entstanden die ersten Verteidigungs-
anlagen, die in den folgenden Jahrtausenden zur Chinesischen Mauer ausgebaut wurden.

China entwickelte die Technologie kontinuierlich weiter und blieb ein sehr
innovatives Zentrum der Metallurgie, das häufig dem Westen weit voraus war.
Während in Europa sich die griechische und römische Antike entfaltete, entwickelten die Qin-Dynastie (221–206 v. Chr.), die für die Terrakotta-Armee
von Xian berühmt ist, und die Han-Dynastie (206 v. Chr. – 220 n. Chr.) die
Eisen- und Stahlproduktion weiter. Die Han-Dynastie erstreckte sich erstmals
über ganz China, was zu einer Vereinheitlichung der Kultur führte. Bereits im
1. Jahrhundert v. Chr. entstanden große Hochöfen, die im folgenden Jahrhundert mit leistungsfähigen, durch Wasserkraft betriebenen Blasebälgen versehen waren.

In der Zeit des europäischen frühen Mittelalters produzierte die Song-
Dynastie (die übrigens auch das Schwarzpulver erfand) besonders große
Kupfermengen, was sogar in den entsprechenden Eisschichten Grön-
lands zu einer Kontamination führte. Während der Ming-Dynastie (1368–

1644) konnte man lange vor Europa metallisches Zink herstellen (s. auch Abschn. 4.8).

Literatur

Agricola, G. 1556. *De Re Metallica Libri XII.* Basel. Deutsche Ausgabe 2007, Matrix, Wiesbaden, unveränderter Nachdruck der Erstausgabe von 1928 des VDI-Verlags, Berlin.

Avilova, L. I. 2009. Models of metal production in the near east (Chalolithic – Middle Bronze Age). *Archaeology Ethnology & Anthropology of Eurasia* 37: 50–58.

Breitenlechner, E., Th. Stöllner, P. Thomas, J. Lutz, und K. Oeggl. 2014. An interdisciplinary study on the environmental reflection of prehistoric mining activities at the Mitterberg main lode (Salzburg, Austria). *Archaeometry* 56:102–128.

Butler, J. J. 2002. Ingots and insights: Reflections on rings and ribs. In *Die Anfänge der Metallurgie in der Alten Welt*, Hrsg. M. Bartelheim, E. Pernicka, und R. Krause. Rahden: Marie Leidorf.

Campbell, R. B. 2014. *Archaeology of the Chinese bronze age: From Erlitou to Anyang.* Los Angeles: Cotsen Institute of Archeology.

Chernykh, E. N. 2008. Formation of the Eurasian „steppe belt" of stockbreeding cultures: Viewed through the prism of archaeometallurgy and radiocarbon dating. *Archaeology Ethnology & Anthropology of Eurasia* 35:36–53.

Craddock, P. T. 2000. From hearth to furnace: Evidences for the earliest metal smelting technologies in the Eastern Mediterranean. *Paléorient* 26:151–156.

Davey, C. J. 1979. Some ancient near Eastern pot bellows. *Levant* 11:101–111.

De Ryck, I., A. Adriaens, und F. Adams. 2005. An overview of Mesopotamian bronze metallurgy during the 3rd millennium BC. *Journal of Cultural Heritage* 6:261–268.

Earl, B., und H. Özbal. 1996. Early bronze age tin processing at Kestel/Göltepe. *Anatolia. Archaeometry* 38:1–15.

Friedrich, W. L., B. Kromer, M. Friedrich, J. Heinemeier, T. Pfeiffer, und S. Talamo. 2006. Santorini eruption radiocarbon dated to 1627–1600 BC. *Science* 28:584.

Gale, N., und S. Stos-Gale. 2002. Archaeometallurgical research in the Aegean. In *Die Anfänge der Metallurgie in der Alten Welt*, Hrsg. M. Bartelheim, E. Pernicka, und R. Krause. Rahden: Marie Leidorf.

Goldfarb, R. J., D. I. Groves, und S. Gardoll. 2001. Orogenic gold and geologic time: A global synthesis. *Ore Geology Reviews* 18:1–75.

Grattan, J. P., D. D. Gilbertson, und C. O. Hunt. 2007. The local and global dimensions of metalliferous pollution derived from a reconstruction of an eight thousand year record of copper smelting and mining at a desert-mountain frontier in souther Jordan. *Journal of Archaeological Science* 34:83–110.

Grattan, R., S. Huxley, L. Abu Karaki, H. Toland, D. Gilbertson, B. Pyatt, und Z. al Saad. 2002. ‚Death … more desirable than life'? The human skeletal record and toxological implications of ancient copper mining and smelting in Wadi Faynan, southwestern Jordan. *Toxicology and Industrial Health* 18:297–307.

Grattan, R., L. Abu Karaki, D. Hine, H. Toland, D. Gilbertson, Z. al Saad, und B. Pyatt. 2005. Analyses of patterns of copper and lead mineralization in human skeletons excavated from an ancient mining and smelting centre in the Jordanian desert: A reconnaissance study. *Mineralogical Magazine* 69:653–666.

Harrell, J. A., und V. M. Brown. 1992. The world's oldest surviving geological map – the 1150 BC Turin papyrus from Egypt. *Journal of Geology* 100:3–18.

Hauptmann, A. 2007. *The archaeometallurgy of copper: Evidence from Faynan, Jordan.* Berlin: Springer.

Hong, S., J.-P. Candelone, C. C. Patterson, und C. F. Boutron. 1994. Greenland ice evidence of hemispheric lead pollution two millennia ago by greek and roman civilizations. *Science* 265:1841–1843.

Hong, S., J.-P. Candelone, C. C. Patterson, und C. F. Boutron. 1996. History of ancient copper smelting pollution during Roman and Medieval times recorded in Greenland ice. *Science* 272:246–249.

Höppner, B., M. Bartelheim, M., R. Huijsmans, K.-P. Krauss Martinek, E. Pernicka, und R. Schwab. 2005. Prehistoric copper production in the Inn valley (Austria), and the earliest copper in central Europe. *Archaeometry* 47:293–315.

Kohl, P. L. 2002. Bronze production and utilizaton in southeastern Dagestan, Russia: c. 3600–1900 BC. In *Die Anfänge der Metallurgie in der Alten Welt,* Hrsg. M. Bartelheim, E. Pernicka, und R. Krause. Rahden: Marie Leidorf.

Krause, R. 2003. *Studien zur kupfer- und frühbronzezeitlichen Metallurgie zwischen Karpartenbecken und Ostsee.* Rahden: Marie Leidorf.

Laughlin, G. J., und J. A. Todd. 2000. Evidence for early bronze age tin ore processing. *Materials Characterization* 45:269–273.

Linduff, K. M., H. Rubin, und S. Shuyun. 2000. *The beginnings of metallurgy in China.* Lewiston: The Edwin Mellen Press.

Mei, J., K. Chen, W. Cao. 2009. Scientific examination of Shang-dynasty bronzes from Hanzhong, Shaanxi Province, China. *Journal of Archaeological Science* 36:1881–1891.

Nezafati, N. 2006. Au-Sn-W-Cu-Mineralization in the Astaneh-Sarband area, West Central Iran. Including a comparison of the ores with ancient bronze artifacts from Western Asia. Dissertation, Universität Tübingen.

Nezafati, N., E. Pernicka, und M. Momenzadeh. 2006. Ancient tin: Old question and a new answer. *Antiquity* 80. http://www.antiquity.ac.uk/projgall/nezafati308/.

Nezafati, N., M. Momenzadeh, und E. Pernicka. 2008. New insights into the ancient mining and metallurgical researches in Iran. In *Ancient mining in Turkey and the Eastern Mediterranean,* Hrsg. Ü. Yalcin, H. Özbal, und A. G. Pasamehmetoglu. Ankara: Atilim Universität.

Niederschlag, E., E. Pernicka, T. Seifert, und M. Bartelheim. 2003. The determination of lead isotope ratios by multiple collector ICP-MS: A case study of early bronze age artefacts and their possible relation with ore deposits of the Erzgebirge. *Archaeometry* 45:61–100.

Nocete, F., E. Alex, J. M. Nieto, R. Sáez, und M. R. Bayona. 2005. An archaeological approach to regional environmental pollution in the south-western Iberian Peninsula related to third millennium BC mining and metallurgy. *Journal of Archaeological Science* 32:1566–1576.

Özdemir, K., Y. S. Erdal, und S. Demirci. 2010. Arsenic accumulation on the bones in the Early Bronze Age Ikiztepe population, Turkey. *Journal of Archaeological Science* 37:1033–1041.

Parzinger, H., und N. Boroffka. 2003. *Das Zinn der Bronzezeit in Mittelasien I.* Mainz: Verlag Philipp von Zabern.

Pryce, T. O., M. Pollard, M. Martinón-Torres, V. C. Pigott, und E. Pernicka. 2011. Southeast Asia's first isotopically defined prehistoric copper production system: When did extractive metallurgy begin in the Khao Wong Prachan Valley of Central Thailand? *Archaeometry* 53:146–163.

Pulak, C. 2000. The copper and tin ingots from the Late Bronze Age shipwreck at Uluburun. In *Anatolian metal I.*, Hrsg. Ü. Yalcin. Bochum: Deutsches Bergbau-Museum.

Radivojevic, M., T. Rehren, J. Kuzmanovic-Cvetkovic, M. Jovanovic, und J. P. Northover. 2013. Tainted ores and the rise of tin bronzes in Eurasia, c. 6500 years ago. *Antiquity* 87:1030–1045.

Renberg, I., M. W. Persson, und O. Emteryd. 1994. Pre-industrial atmospheric lead contamination detected in Swedish lake sediments. *Nature* 368:323–326.

Stöllner, T. 2010. Copper and salt – Mining communities in the Alpine metal ages. In Anreiter et al., 2010. Mining in European history and its impact on environment and human societies. Proceedings for the 1st mining in European history-conference of the SFB-HIMAT, Innsbruck.

Weeks, L. R. 2003. *Early metallurgy of the Persian Gulf. Technology, trade and the bronze age world.* Boston: Brill.

Yener, K. A. 2000. *The domnestication of metals. The rise of complex metal industries in Anatolia.* Leiden: Brill.

Yunxiang, B. 2003. A discussion on early metals and the origins of bronze casting in China. *Chinese Archaeology* 3:157–165.

4
Vom ersten Eisen zur Antike

Als Nächstes müssen wir vom Eisen reden, von dem die Menschen die
besten und die schlimmsten Werkzeuge haben. Mit ihm pflügen wir das
Erdreich, pflanzen Bäume, beschneiden unsere Obstbäume und bringen
unsere Weinstöcke, indem wir wilde Triebe abschneiden, dazu, sich
zu verjüngen. Mit Eisen bauen wir Häuser, behauen Steine, es dient
allem möglichen Nutzen. Es dient aber auch Kriegen, Blutvergießen
und Räubereien, nicht allein im Nahkampf, sondern auch im Wurf
und Flug. Von einer Wurfmaschine geschleudert oder durch starke Arme
geschleudert, bald sogar befiedert: Das halte ich für die boshafteste
Arglist des menschlichen Geistes.
Plinius der Ältere, 77 n. Chr., *Naturgeschichte*, Buch XXXIV

Der Beginn der Eisenzeit wird im Nahen Osten im Allgemeinen auf das Jahr
1200 v. Chr. festgesetzt – nicht weil Eisen ab diesem Zeitpunkt eine nennenswerte Rolle spielte, sondern weil innerhalb kürzester Zeit die Kulturen der
Bronzezeit kollabierten. Die ersten Jahrhunderte der Eisenzeit sind in dieser Region ein „dunkles Zeitalter", in dem viele Städte zerstört wurden, der
Fernhandel zusammenbrach und die Metallproduktion nahezu einschlief. Wo
vorher große Imperien mit Städten und hoch entwickelter Technologie bestanden hatten, gab es nur noch Dörfer mit einfacher Landwirtschaft. Wirklich häufig wurde das Metall erst ab etwa 700 v. Chr., als sich die Kulturen
wieder vom Zusammenbruch erholten. Vereinzelte Eisenobjekte kennen wir
hingegen schon aus der Bronzezeit.

Den Grund für diesen Zusammenbruch kennen wir nicht. Früher glaubte
man, dass die Hethiter während der Späten Bronzezeit als einzige die Eisenherstellung beherrschten und dadurch anderen militärisch überlegen waren.
Dann habe eine Welle von Invasionen das Monopol beendet, woraufhin
Eindringlinge mit besseren Waffen die Region durchzogen, etwa die Dorier
in Griechenland. Diese Theorie beruhte jedoch auf einer Reihe falscher Annahmen. Zum einen war Eisen außerhalb des Hethiterreiches auch schon vor
dem Zusammenbruch weiter verbreitet, als man glaubte. Zum anderen ist
die Annahme falsch, dass Eisen zwangsläufig besser als Bronze ist: Gehärtete
Zinnbronze ist im Gegenteil einfachem Schmiedeeisen überlegen. Das Eisen

ist erst besser, wenn es zu einem Stahl aufgekohlt (entweder während der Verhüttung oder nachträglich) und hitzebehandelt (temperiert und abgeschreckt) wird – Technologien, die man anfangs nicht richtig beherrschte (Waldbaum 1999). Außerdem wurden so wenige Eisenwaffen aus der frühen Eisenzeit gefunden, dass wir nicht gerade von einer überlegenen Waffentechnik ausgehen können. Im Gegenteil, neu entwickelte Waffen wie Speere und lange Schwerter bestanden zunächst weiterhin aus Bronze. Und schließlich spricht einiges dafür, dass manche der Wanderungsbewegungen wie das Auftauchen der Dorier in Griechenland keine Invasionen waren, sondern ein sukzessives Einwandern.

Alternative Erklärungen für den Zusammenbruch sind Dürreperioden und Hungersnöte, Umweltzerstörung wie die Entwaldung durch die vorangegangene Bronzeproduktion oder Naturkatastrophen, vielleicht eine Serie von Erdbeben oder eine Klimaverschlechterung durch den Ausbruch des Vulkans Hekla auf Island. Die Wanderbewegungen und Zerstörungen könnten indirekte Folgen solcher Katastrophen sein. Einige Forscher gehen inzwischen davon aus, dass die Eisenproduktion weiterentwickelt wurde, weil der Zusammenbruch des Metallhandels die Menschen dazu zwang, lokal vorhandene Erze zu verarbeiten.

Ein Problem der Archäologen ist, dass bisher keine Spuren der frühen Eisenverhüttung gefunden wurden, weder aus der Bronzezeit noch aus dem „dunklen Zeitalter" der frühen Eisenzeit. Ein weiteres Problem ist, dass Eisen rostet. Viele alte Eisenobjekte sind so verrostet, dass sie sich nicht genauer untersuchen lassen. Wahrscheinlich haben sich die meisten Objekte im Boden vollständig in Rost aufgelöst und sind sozusagen spurlos verschwunden. Auch im Alltag der Eisenzeit muss Rost ein Problem gewesen sein, vermutlich wurden stark korrodierte Werkzeuge häufig eingeschmolzen und recycelt. Jedenfalls sind aus der Bronzezeit insgesamt nur etwa 100–150 Eisenartefakte erhalten (Waldbaum 1999). Wenden wir uns also endlich den ältesten Eisenobjekten zu.

4.1 Die ältesten Eisenobjekte

Einige der frühen Eisenobjekte enthalten relativ viel Nickel, und generell gehen wir davon aus, dass es sich dabei um meteorisches Eisen handelt. Etwa 5 % aller auf die Erde fallenden Meteorite sind Eisenmeteorite und bestehen aus einer Legierung aus Eisen mit mehreren Prozent Nickel. Dazu passt, dass die Worte für Eisen sowohl in der ägyptischen, sumerischen als auch hethitischen Sprache übersetzt „Himmelseisen" heißen. Abgesehen von den extrem seltenen Vorkommen von metallischem Eisen in Basalten sind

Meteorite das einzige natürliche Vorkommen dieses Metalls. Das meteorische Eisen musste also nur noch von einem Schmied in die gewünschte Form gebracht werden. Es gibt jedoch auch frühes Eisen, das kaum Nickel enthält und das nur durch Verhüttung erklärt werden kann. Sowohl meteorisches als auch terrestrisches Eisen wurden zeitlich und geografisch nebeneinander benutzt. Auch manche nickelreiche Eisenobjekte gehen eventuell auf Verhüttung zurück: Das gilt insbesondere für Griechenland, wo einige nickelreiche Eisenobjekte durch Verhüttung von nickel- und kobaltreichem Eisenerz aus Lateriten erklärt werden. Auch Magnetit-Seifenlagerstätten an der Südostküste des Schwarzen Meeres enthalten Nickel.

Die ältesten Eisenobjekte (Waldbaum 1999) reichen bis ins 5. und 4. Jahrtausend zurück und wurden in Nordmesopotamien, im Iran (Sialk) und in Ägypten gefunden, darunter auch terrestrisches Eisen (Samarra, etwa 5000 v. Chr.). Etwas häufiger gab es Eisen im 3. Jahrtausend in Anatolien, Ägypten, Mesopotamien und Afghanistan. Am berühmtesten ist eine 26 × 8,6 cm große Eisenplatte, die in einem Luftschacht der Cheopspyramide entdeckt wurde und heute im Britischen Museum liegt. Eine weitere Eisenplatte fand sich in einer Pyramide in Abydos. Beide enthalten kein Nickel, bestehen also aus terrestrischem Eisen. Der älteste Eisenfund von Anatolien ist ein Armreif aus dem frühen 3. Jahrtausend aus einem Grab bei Gaziantep. Eine ganze Reihe von Eisenobjekten mit sehr geringen Nickelgehalten fanden sich in den Fürstengräbern von Alaca Höyük (3. Jahrtausend v. Chr.), die bereits im Zusammenhang mit früher Zinnbronze genannt wurden. Darunter waren ein Eisendolch mit goldenem Griff, Eisennadeln mit goldenen Köpfen, eine Halbmondscheibe und ein Messer (Yalcin 1999). In Mundigak in Afghanistan fanden sich in Schichten des 3. Jahrtausends ein Spiegel mit Eisengriff und eine Bronzeglocke mit Eisenklöppel (Possehl und Gullapalli 1999). Es ist erwähnenswert, dass ein Keulenkopf, den Heinrich Schliemann in Troja fand und für Eisen hielt, in Wirklichkeit aus einem Eisenerz besteht. Eisen war in der Bronzezeit offensichtlich kostbar und hatte einen hohen symbolischen Stellenwert: Bei den frühen Objekten handelt es sich in erster Linie um Schmuck und rituelle Objekte.

In Texten aus der Mittleren und Späten Bronzezeit wird Eisen relativ häufig genannt (Yalcin 1999). In der ersten Hälfte des 2. Jahrtausends blieb das Metall ein kostbarer Luxusgegenstand: Beispielsweise heißt es auf einer Tontafel aus der assyrischen Handelskolonie in Kültepe (Zentralanatolien), acht Sekel Gold seien nicht genug, um gegen ein Sekel Eisen zu tauschen. In frühen Texten der Hethiter wird Eisen im Zusammenhang mit Königen genannt, auch ist von einem Thron und einem Zepter aus Eisen die Rede. Ein Text aus dem 18. Jahrhundert v. Chr. nennt 400 Speerspitzen aus Eisen, was wohl auf die erste Nutzung als Waffe hinweist. In der späten Hethiterzeit gab es Eisen schon so häufig, dass es in Inventarlisten nicht mehr mit den Edelmetallen, sondern zusammen mit Kupfer geführt wurde. Bemerkenswert ist, dass in den Texten zwischen „Eisen" und „gutem Eisen" unterschieden wird. Mit „gutem Eisen" war möglicherweise Stahl gemeint. Das folgende Brieffragment schrieb der Hethiterkönig Hattusili III (1282–1250 v. Chr.) vermutlich an einen assyrischen König (zitiert nach Yalcin 1999):

> Was das gute Eisen betrifft, das Sie in ihrem Brief erwähnen, im Lager von Kizzuwatna ist das gute Eisen ausgegangen. Ich habe Ihnen geschrieben, dass es keine gute Zeit ist, um Eisen herzustellen. Sie werden Eisen herstellen, es ist aber noch nicht fertig. Wenn sie damit fertig sind, werde ich es ihnen schicken. Jetzt schicke ich ihnen eine eiserne Dolchklinge (…).

Verglichen mit den zahlreichen zeitgenössischen Textquellen haben Archäologen erstaunlich wenige Eisenobjekte der Hethiter ausgegraben: im Ganzen keine zwei Dutzend. Neben Schwertern, Äxten und Pfeilspitzen sind dabei auch einzelne Nägel und unförmige Metallklumpen mitgezählt. Das Metall ist von schwankender Qualität, manche Objekte sind zu einem Stahl aufgekohlt, andere nicht. Es wird daher vermutet, dass die Hethiter die Prozesse noch nicht vollständig kontrollieren konnten.

Von einem Monopol der Hethiter kann jedoch keine Rede sein: Einzelstücke aus terrestrischem Eisen aus der Mittleren und Späten Bronzezeit fanden sich auch in Griechenland und Zypern, in Jordanien, Libanon, Israel und Ägypten. Eine kleine Eisenspitze der Mittleren Bronzezeit aus Jordanien ist bemerkenswert, weil sie 0,8 % Kohlenstoff enthält und damit wohl das älteste uns bekannte Stahlobjekt ist. In Indien (Tewari 2003) tauchte terrestrisches Eisen im frühen 2. Jahrtausend auf. Meteorisches Eisen aus diesem Zeitraum wurde hingegen in Ugarit in Syrien und im Grab des Tutanchamun in Ägypten gefunden (Waldbaum 1999).

Wenn die Eisenherstellung allgemein bekannt war, warum wurde nicht mehr davon produziert? In der älteren Literatur heißt es in der Regel, dass für die Eisenverhüttung erst verbesserte Öfen entwickelt werden mussten, die höhere Temperaturen erreichten. Das stimmt jedoch nur für die effektive Verhüttung im industriellen Maßstab. Inzwischen wissen wir, dass es mit der Technologie der Bronzezeit bei der Verhüttung eisenhaltiger Kupfererze leicht passieren kann, dass auch winzige Mengen an Eisen anfallen. Wenn im Ofen sehr stark reduzierende Bedingungen herrschen, wird ein Teil des Eisens, das normalerweise in der Schlacke zu Silikatmineralen erstarrt, reduziert. Das frühe Eisen war also offensichtlich ein zufälliges Nebenprodukt der Kupferherstellung. Entsprechend war es in allen Zentren der Kupferproduktion, in denen entsprechende Erze verarbeitet wurden, bekannt. Es stellt sich nur die Frage, wo und wann man auf die Idee kam, Eisen gezielt aus Eisenerzen herzustellen. Die Hethiter dürften die Ersten gewesen sein, denen das im größeren Stil und guter Qualität gelang. Wir haben jedoch keine Spuren ihrer Verhüttung gefunden und wissen entsprechend wenig über ihre Technologie und die verwendeten Erze.

4.2 Rennofen, Eisen und Stahl

Die Verhüttung von Eisen unterscheidet sich in einigen Punkten von der Kupferverhüttung. Eisen und Kohlenstoff bilden eine Legierung, und Kohlenstoff ist im Ofen in Form von Holzkohle reichlich vorhanden. Reines Eisen, das sogenannte Schmiedeeisen (*wrough iron*), hat mit 1539 °C einen sehr hohen Schmelzpunkt. Es ist sehr gut schmiedbar, aber auch relativ weich und kann nicht durch Schmieden gehärtet werden. Außerdem rostet es schnell, was die Anwendungsmöglichkeiten weiter einschränkt. Bei einer Legierung mit einem Kohlenstoffgehalt von 0,01 bis maximal 2 % handelt es sich um Stahl, wobei oft weitere Metalle wie Mangan, Chrom und Nickel zulegiert werden. Stahl ist deutlich härter, ebenfalls sehr gut schmiedbar und zugleich weniger korrosionsanfällig als reines Eisen.

Im mikroskopischen Maßstab besteht Stahl aus mehreren Phasen (s. Abschn. 1.2): zum einen aus fast reinen Eisenphasen wie Ferrit, Austenit und Martensit, zum anderen aus dem Eisencarbid Zementit (Fe_3C). Auch Kristallite mit fein verwachsenen Phasen kommen vor, häufig ist ein eutektisches Gefüge mit feinen Lamellen aus Ferrit und Zementit, das Perlit genannt wird. Es können weitere Phasen vorhanden sein, wenn andere Metalle zulegiert werden, was die Eigenschaften weiter verbessern kann.

Eisen mit einem Kohlenstoffgehalt über 2 % ist hingegen so spröde, dass es nicht mehr geschmiedet werden kann. Es eignet sich aber sehr gut zum Gießen und wird daher als Gusseisen (*cast iron*) bezeichnet. Der Schmelzpunkt ist niedrig (nahe des eutektischen Punkts) und die Schmelze sehr dünnflüssig. Das korrosionsbeständige und abnutzungsresistente Metall lässt sich kaum deformieren. Am häufigsten wird graues Gusseisen verwendet, in dem der Kohlenstoff in Form von Grafit, also elementarem Kohlenstoff, enthalten ist. In weißem Gusseisen ist der Kohlenstoff in der Phase Zementit enthalten, das Metall ist härter, aber noch spröder als die graue Variante. Für die Verwendung als Gusseisen wird das aus einem Hochofen fließende Roheisen mehrfach unter Zugabe bestimmter Zuschlagstoffe umgeschmolzen, um ungewollte Bestandteile wie Schwefel zu entfernen. Fast immer werden Silizium und andere Metalle, etwa Mangan und Nickel, hinzulegiert.

Das in einem Hochofen erzeugte kohlenstoffreiche Eisen wird Roheisen (*pig iron*) genannt. Der Schmelzpunkt einer Eisenlegierung mit einem Kohlenstoffgehalt von 4,3 % (der eutektischen Zusammensetzung) ist mit 1147 °C nur unwesentlich höher als der Schmelzpunkt von Kupfer (1083 °C). Die Reduktion von Eisenerz ist oberhalb des Schmelzpunktes zwar wesentlich effektiver als bei niedrigeren Temperaturen, aber dabei entsteht wegen der im Ofen reichlich vorhandenen Kohle immer kohlenstoffreiches Roheisen. Das sogenannte Frischen, eine Methode, um den Kohlenstoffgehalt im Eisen zu verringern, wurde jedoch erst im späten Mittelalter erfunden.

Um Schmiedeeisen oder Stahl zu erhalten, mussten die frühen Metallurgen das Eisenerz also zwangsläufig im festen Zustand verhütten, bei einer Temperatur zwischen 700 und 1500 °C. Dazu waren keine leistungsfähigeren Öfen notwendig, als man bereits zur Verarbeitung von Kupfererz verwendete. Wichtig war vor allem, dass sich im Ofen stark reduzierende Bedingungen einstellten, also der Sauerstoffgehalt sehr niedrig war. Während das Eisenerz im Ofen von Kohlenmonoxid zu festem Eisen reduziert wurde, schmolzen die im Erz enthaltenen unbrauchbaren Anteile wie SiO_2 auf und bildeten eine flüssige Schlacke. Weitere Stoffe konnten zugegeben werden, um den Schmelzpunkt der Silikate zu verringern und die Schlacke dünnflüssig zu machen. Die geschmolzene Schlacke floss durch eine Öffnung ab – daher kommt die Bezeichnung Rennofen für entsprechende Öfen des Mittelalters (s. Abb. 4.1). Im Ofen blieb ein porenreicher Metallklumpen zurück, der Eisenschwamm, Luppe, „Wolf" oder auch „Sau" (englisch: *bloom*) genannt wird. Dieses Eisen enthält zwar fast keinen Kohlenstoff, aber relativ viele Einschlüsse von Schla-

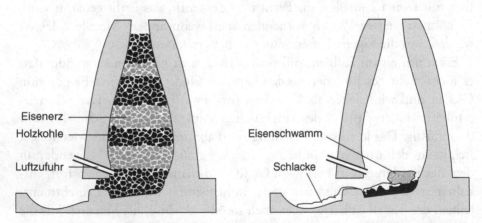

Abb. 4.1 Sogenannte Rennöfen waren bis ins späte Mittelalter die einzige Methode, um schmiedbares Eisen herzustellen. Der Ofen wurde mit wechselnden Lagen aus Kohle und Eisenerz gefüllt (*links*). Das nach dem Entfachen der Glut entstandene Kohlenmonoxid reduzierte das Eisen im festen Zustand. Die Schlacke floss ab (*rechts*), im Ofen blieb der sogenannte Eisenschwamm (Luppe) zurück. Dieser hatte viele Poren und Einschlüsse, die ausgeschmiedet werden mussten

cke, unverbrannten Kohlestücken und Resten von Erz. Diese mussten erst durch aufwendiges heißes Schmieden (oberhalb der Schmelztemperatur der Silikate) aus dem Eisen gepresst werden. Die Herstellung von Schmiedeeisen war also ein arbeitsintensiver Prozess. Mit hochwertigen Erzen konnten erfahrene Handwerker einen Eisenschwamm mit weniger Einschlüssen herstellen, dessen Veredlung weniger aufwendig war.

Ein Rennofen konnte täglich nur wenige Kilogramm Eisen produzieren. Jeder Durchgang dauerte sechs bis zehn Stunden, nach jedem mussten die Öfen auskühlen, um geleert und neu befüllt zu werden. Rennöfen standen oft an Berghängen, dort konnte Wind durch die große Öffnung des Ofens strömen und die Glut mit Sauerstoff versorgen. Im späten Mittelalter nutzte man stattdessen riesige, mit Wasserrädern angetriebene Blasebälge. Das ermöglichte größere und leistungsfähigere Öfen, die sogenannten Stücköfen, in denen erstmals Temperaturen über dem Schmelzpunkt erreicht wurden. Mit Wasserkraft betriebene Hammerschmieden vereinfachten auch das Ausschmieden des Eisenschwamms.

Indem der Kohlenstoffgehalt nachträglich erhöht wurde, konnte Schmiedeeisen in Stahl verwandelt werden. Dazu erhitzte ein Schmied das Objekt für längere Zeit in Kohlepulver und schreckte es anschließend ab. Das Aufkohlen (Carburieren) von Schmiedeeisen zu einem Stahl ist nicht leicht zu kontrollieren und setzt viel Erfahrung voraus.

In manchen Rennöfen, die höhere Temperaturen erreichten, konnte direkt eine kohlenstoffreiche Luppe hergestellt werden. Die Durchkohlung war jedoch kaum zu kontrollieren und resultierte in einer inhomogenen Luppe, die – wenn sie überhaupt schmiedbar war – erst beim Ausschmieden die gewünschten Eigenschaften annahm.

Schließlich erlaubte seit dem späten Mittelalter das „Frischen" eine Verringerung des Kohlenstoffgehalts im Roh- bzw. Gusseisen. Im Frischeherd blies ein Luftstrom über einen Tiegel mit geschmolzenem Roheisen und oxidierte einen Teil des Kohlenstoffs zu CO_2. Zusammen mit der Entwicklung der ersten Hochöfen, die größere Mengen an Roheisen produzierten, vereinfachte dies die Erzeugung von Stahl.

Eine andere Möglichkeit zur Stahlherstellung ist das Zusammenschmelzen verschiedener Komponenten in einem Tiegel. In Indien wurde so schon in der Antike sogenannter Wootzstahl hergestellt (s. Abschn. 5.2).

Die Eigenschaften von Stahl können optimiert werden, indem andere Metalle wie Mangan, Chrom und Nickel zugefügt werden. In der Frühgeschichte ist hier vor allem Mangan von Bedeutung, das in vielen Eisenlagerstätten bereits im Erz vorhanden ist.

Erze mit reinem Hämatit oder Magnetit müssen nicht geröstet werden. Beim Erhitzen von Siderit (Eisenkarbonat) wandelt sich dieser unter Abgabe von CO_2 in Eisenoxid um, und da das CO_2 im Ofen die reduzierenden Bedingungen beeinträchtigt, sollte dieser Schritt vor der Verhüttung vorgenommen werden. Schon mit einem geringen Sulfidgehalt müssen Eisenerze vor dem Verhütten geröstet werden, da sonst der Schwefel das Eisen unbrauchbar macht.

In heutiger Zeit muss eine Eisenlagerstätte außerordentlich groß sein und einen sehr hohen Eisengehalt haben, damit sich der Abbau lohnt. Das ist vor allem bei den riesigen Bändereisenerzen (BIF) der Fall, die aber nicht weltweit verbreitet sind. Vor der industriellen Revolution waren die Anforderungen für den Abbau in Handarbeit ganz andere, eine Lagerstätte durfte auch winzig sein, solange sie sich mit einfachen Mitteln abbauen ließ und der Transport kein Problem darstellte. Geeignete Vorkommen gibt es tatsächlich fast überall. Es können auch eisenreiche Konkretionen und Krusten in Böden ausgebeutet werden, sogenannte *duricrusts*. Solche Krusten gibt es insbesondere häufig im oberflächennahen Bereich von tropischen Böden (Lateriten) und in gemäßigten Breiten in Mooren unter dem Torf (Raseneisenstein, Sumpfeisenerz). In Kalksteinen findet sich in Höhlen und Dolinen sogenanntes Bohnerz, das ähnlich wie Kaffeebohnen aussieht. Davon abgesehen gibt es viele weitere Lagerstättentypen, wie Eisenskarne und hydrothermale Gänge.

4.3 Frühe Eisenzeit

Wie gesagt war im Nahen Osten die Metallproduktion in den ersten Jahrhunderten der Eisenzeit, im sogenannten „dunklen Zeitalter", fast erloschen. Es gibt nur vereinzelte Eisenfunde, eine Axt hier, ein Messer und ein Nagel dort, mal eine Sichel und eine Pflugschar, an anderer Stelle ein Schwert oder eine Pfeilspitze. Diese Funde konzentrieren sich merkwürdigerweise auf Gebiete rund um das ehemalige Hethiterreich: auf Zypern, auf die Levante (Israel, Jordanien, Libanon) und auf das kleine Reich Urartu, das sich vom Vansee (Ostanatolien) nach Armenien ausbreitete. Einige Objekte fanden sich auch in Mazedonien, Griechenland und Georgien. Das Aufkohlen zu Stahl wurde in regional unterschiedlicher Häufigkeit und mit schwankendem Erfolg durchgeführt. Es gibt dabei keinen direkten Zusammenhang zwischen technologischem Fortschritt und zeitlicher Entwicklung: In Kition auf Zypern beispielsweise wurde das Aufkohlen im 11. und 10. Jahrhundert v. Chr. regelmäßig angewandt, danach jedoch, nachdem die Insel unter den Einfluss der Phönizier gekommen war, überhaupt nicht mehr (Waldbaum 1999).

Spuren der frühen Eisenverhüttung sind rar und in den meisten Fällen auch noch umstritten. Bei einem Fund im Libanon handelt es sich vermutlich eher um eine Kupferhütte. Das könnte auch für Ausgrabungen in Georgien, dem historischen Kolchis, gelten. In einer Ausgrabung in Israel, Tel Yinam, wurden Eisenerz und Schlacke gefunden, die Zusammensetzung der Schlacke spricht jedoch gegen die Produktion von Eisen. Vermutlich wurden die Erze hier nur zu Farbpigmenten verarbeitet.

Sichere Spuren von Eisenverhüttung aus dem „dunklen Zeitalter" gibt es nur am Tell Hammeh in Jordanien (Veldhuijzen und Rehren 2007). Hier wurden Schlacken, Kohlenreste, Erz (Hämatit), Tondüsen, angeschmolzene technische Keramik und Reste von Öfen ausgegraben und auf etwa 900 v. Chr. datiert. Die Archäologen schätzen, dass nur 50–100 kg Eisen pro Jahr produziert wurden, was einer Erzmenge von wenigen Eselladungen entspricht. Der Ort war in der frühen Eisenzeit nicht besiedelt. Vermutlich kamen die Handwerker nur saisonal an diesen Ort, an dem es Eisenerz, Ton, Wasser und Olivenbäume gab. Der Eisenschwamm wurde an Ort und Stelle ausgeschmiedet, aber nicht weiterverarbeitet. Dazu passt, dass in Israel am Tel Beth-Shemesh eine Schmiede aus derselben Zeit ausgegraben wurde, die in einer Siedlung lag und in der Eisen zu Objekten weiterverarbeitet wurde. Die Verhüttung scheint eine saisonale Beschäftigung von Halbnomaden gewesen zu sein, während das Schmieden in den Städten stattfand.

In den Jahrhunderten nach 900 v. Chr. erholten sich die Kulturen langsam wieder, und es entstanden Staaten wie das Neo-Hethitische, das Neo-Assyrische und das Neo-Babylonische Reich. Die Metallproduktion nahm generell ab etwa 700 v. Chr. merklich zu, wobei noch immer mehr Bronze als Eisen hergestellt wurde. Eisen war wenig später in vielen Regionen bekannt: bei den Kulturen im Nahen Osten, in Indien und Sri Lanka, in China, in Osteuropa bei den Skythen, im archaischen Griechenland, in Italien bei den Etruskern, in Mitteleuropa bei den Kulturen der Hallstattzeit, auf den Britischen Inseln, in Spanien und auch südlich der Sahara in Afrika.

Kolchis, das heutige westliche Georgien, war im 7. Jahrhundert ein wichtiger Eisenproduzent (Tsetskhladze 1995). Man hat etwa 400 Öfen gefunden, in denen Hämatit und Magnetit verhüttet wurden. Dabei handelte es sich um in den Boden gegrabene und mit Stein und Ton ausgekleidete Gruben. Schwarzer, magnetitreicher Sand von Stränden des Schwarzes Meeres war wohl der wichtigste Rohstoff. Zwischen den Dünen gab es Dörfer, deren Bewohner wahrscheinlich Erzkonzentrate für die Verhüttung herstellten.

4.4 Afrika

Als die europäischen Mächte den afrikanischen Kontinent untereinander aufteilten, stempelten sie dessen Bewohner als primitiv und steinzeitlich ab. Erst nach der Entkolonialisierung sprach es sich unter europäischen Forschern herum, dass es auch in Afrika eine sehr alte Tradition der Eisenproduktion gab, die vor etwa 3000 Jahren, vielleicht sogar deutlich früher begann (Bocoum 2004; Alpern 2005; Holl 2009; Killick 2009). Die afrikanischen Metallurgen waren sehr experimentierfreudig und innovativ, die Konstruktionsweisen und Formen der Öfen weisen eine Vielfalt auf, die auf anderen Kontinenten nicht zu finden ist. Bis auf wenige Ausnahmen – nämlich Mauretanien und Niger – gab es an den meisten Fundorten südlich der Sahara keine Kupfer- oder Bronzezeit, die der Eisenverhüttung vorausging: Auf das Neolithikum folgte direkt die Eisenzeit.

Einen Schmelzofen für die Eisengewinnung im Termit-Massiv im Niger datierten Archäologen auf 800 v. Chr.; es handelt sich damit um den ältesten bekannten Ofen des Kontinents. Kupfer wurde in der Region bereits früher verwendet. Möglicherweise gab es bereits ab 1500 v. Chr. während der dortigen Kupferzeit auch vereinzelt Eisenobjekte, laut einer umstrittenen Datierung sogar ab dem 3. Jahrtausend. Bei der frühen Einordnung ist aber strittig, ob die datierten Kohlen oder Keramikscherben das gleiche Alter haben wie die fraglichen Eisenobjekte.

Rund 2000 km weiter westlich fanden sich in Walalde im Senegal Reste einer frühen Eisenverhüttung, die aus dem Zeitraum zwischen 800 und 550 v. Chr. stammen. In diesem Fall gibt es vermutlich einen Zusammenhang mit der älteren Kupfergewinnung in Akjoujt in Mauretanien.

Auch neue Funde entlang einer Pipelinetrasse in der Zentralafrikanischen Republik stammen aus dem frühen ersten Jahrtausend, eine ausgegrabene Schmiedewerkstatt wurde gar auf 2000 v. Chr. datiert, was allerdings angezweifelt wird.

In Ostafrika ging es in der weiteren Umgebung des Victoriasees ebenfalls im frühen ersten Jahrtausend los. Mehrere in Ruanda entdeckte Öfen der Urewe-Kultur dürften bereits 900 v. Chr. Eisen produziert haben, die Datierung ist aber leider ungenau. Auch hier könnte der Beginn noch weiter zurückliegen.

In Westafrika begann die für ihre faszinierenden Keramikfiguren berühmte Nok-Kultur um 750 v. Chr. mit einer regen Eisenproduktion, von der zahlreiche Spuren erhalten sind. Wichtige Fundorte sind Taruga und die Region Nsukka. Die Öfen mit etwa 1 m Durchmesser erreichten sehr hohe Temperaturen knapp unterhalb des Schmelzpunkts von Eisen. Man fügte anfangs noch keine Zuschlagstoffe zur besseren Schlackenbildung hinzu und benötigte daher hohe Temperaturen. Mit der Zeit wurden die Prozesse aber immer effizienter. Möglicherweise noch älter sind Eisenobjekte und Schlacken am Nordrand des Mandaragebirges im Grenzgebiet zwischen Nigeria und Kamerun.

In den folgenden Jahrhunderten breitete sich die Eisenherstellung zwischen West-, Zentral- und Ostafrika aus, später auch weiter nach Süden. Eine wichtige Rolle spielten dabei die Bantu. Unter diesem Begriff wird eine große Gruppe eng verwandter Sprachen beziehungsweise Ethnien zusammengefasst, die in Zentral-, Ost- und Südafrika verbreitet sind. Die neolithischen Bantu lebten ursprünglich im heutigen Grenzgebiet zwischen Nigeria und Kamerun. Im 2. Jahrtausend v. Chr. breiteten sie sich nach Zentralafrika aus, in der ersten Hälfte des 1. Jahrtausends nach Ostafrika und anschließend weiter in südliche Richtung. Ihr Erfolg lag an der fortgeschrittenen Landwirtschaft, während die von ihnen assimilierten oder verdrängten Kulturen zuvor vor allem Jäger und Sammler waren. Dass die Bantu im frühen 1. Jahrtausend begannen, Werkzeuge und Waffen aus Eisen zu verwenden, dürfte die Ausbreitung noch beschleunigt haben. Es ist nicht bekannt, ob sie die Eisenproduktion selbst erfunden oder von einer anderen Kultur übernommen haben, jedenfalls entwickelten sie die Technologie weiter und sorgten für eine relativ schnelle Weiterverbreitung auf dem Kontinent.

Unser Bild ist noch sehr lückenhaft, riesige Regionen sind noch nicht erforscht. Leider sind auch viele Datierungen nicht ganz sicher. Das größte Problem ist, dass die C14-Methode im Zeitraum zwischen 400 und 800 v. Chr. nicht aussagekräftig ist (s. Abschn. 1.1). Problematisch ist außerdem, dass man mit der Datierung eines Stücks Holzkohle in Wirklichkeit das Alter des Baums enthält. Dessen Stamm kann aber in einer Wüste oder Trockensavanne sehr lange gelegen haben, bevor er zu Holzkohle verarbeitet in einen Ofen gelangte. Auch ist die Stratigrafie an manchen Fundorten unklar. Aus diesen Gründen verwerfen viele Forscher frühe Datierungen, die sie für unglaubwürdig halten. Andere Forscher kritisieren dies als Vorurteil, es könnte also sein, dass die genannten Alter noch zu jung sind.

Damit ist es schwierig, die große Frage zu klären, die seit mehr als einem Jahrhundert intensiv diskutiert wird: War die Eisenverhüttung in Afrika eine lokale Erfindung, die möglicherweise sogar unabhängig von verschiedenen Kulturen ihren Ausgang nahm, oder kam die Technologie oder zumindest die Idee von außen – aus dem Mittelmeerraum beziehungsweise ursprünglich aus Anatolien?

Die Verfechter der zweiten Hypothese verweisen meist auf Karthago oder Ägypten, denkbar wäre auch eine Ausbreitung von der arabischen Halbinsel nach Ostafrika. Phönizische Siedler gründeten die Stadt Karthago in der frühen Eisenzeit im heutigen Tunesien, im 3. und 4. Jahrhundert hatte sich daraus eine große Metropole entwickelt, die den Mittelmeerraum zwischen Libyen und Marokko, Andalusien und Korsika beherrschte und weit darüber hinaus Handel betrieb. Es ist gut möglich, dass die ersten Siedler die Technologie der Eisenverhüttung aus der Levante mitbrachten, schließlich waren die Phönizier umtriebige Händler, deren Schiffe mit Metallbarren und anderen Gütern über das Mittelmeer segelten. Eisenobjekte als Grabbeigabe fanden sich in Karthago aber erst ab dem 6. Jahrhundert v. Chr., zu einer Zeit also, als das Metall weiter südlich längst bekannt war. Immerhin fanden sich in Karthago ältere Schlacken, die als Reste einer Schmiede interpretiert werden.

Ägypten ist als technologischer Vermittler weniger plausibel, da dort erst im 7. Jahrhundert die Verhüttung von Eisenerz in kleinen Mengen begann, in größerem Umfang erst im 5. Jahrhundert. Herausragend ist Meroe, eine Ausgrabung am Nil im heutigen Sudan, damals die Hauptstadt eines unabhängigen nubischen Königreichs, das stark von Ägypten beeinflusst war. Die Eisenproduktion begann dort etwa 400 v. Chr. und erreichte schnell industrielle Ausmaße. Die Archäologen tauften das Industriegebiet mit zahlreichen Öfen und Schlackenhalden „Birmingham von Afrika". Es ist aber offensichtlich, dass dies wenig mit der wesentlich früheren Produktion in West-, Zentral- und Ostafrika zu tun hat.

Handelt es sich hingegen um lokale Erfindungen, dann haben die Kulturen in West-, Zentral- und Ostafrika es geschafft, Eisen ohne Erfahrung in der leichter zu kontrollierenden Kupferverhüttung herzustellen. Ganz ohne pyrotechnische Erfahrung waren sie freilich nicht, es gab bereits eine lange Tradition der Keramikproduktion. War in Afrika also der Töpferofen der Schlüssel zur Metallurgie? Sind die großen technologischen Unterschiede der einzelnen Regionen, ja selbst innerhalb der Kulturen ein Argument für eine lokale Erfindung oder sprechen sie nur für eine innovative Weiterentwicklung? Brauchbare Erze sind in den tropischen Lateritböden in Form von Eisenoxidkrusten weitverbreitet.

In vielen afrikanischen Kulturen steht die Eisenproduktion in einem direkten religiösen und magischen Zusammenhang. Die Bantu in Zentralafrika identifizieren den Prozess der Eisengewinnung mit Sexualität und Fortpflanzung und verzieren Öfen mit symbolisierenden Brüsten. Eisen ist auch ein Symbol für Kraft und Macht. In vielen Kulturen war die Produktion eine Sache der geistlichen oder weltlichen Elite, so gibt es einige Beispiele von Stahl kochenden Königsdynastien (Bocoum 2004).

4.5 Kelten in Mitteleuropa

Anders als im Nahen Osten gab es in Mitteleuropa zwischen Bronzezeit und Eisenzeit kein dunkles Zeitalter und keine einschneidenden Umstürze. Die Kelten oder Gallier, wie die eisenzeitlichen Kulturen Mitteleuropas genannt werden, sind die direkten Nachfolger der spätbronzezeitlichen Kulturen. Die vorrömische Eisenzeit wird hier üblicherweise in Hallstattzeit (800–450 v. Chr.) und Latènezeit (ab 450 v. Chr.) unterteilt, wobei erste Eisenobjekte bereits in der Späten Bronzezeit aufgetaucht waren.

In den Ostalpen wurde der Bergbau mit schwankenden Produktions-
mengen kontinuierlich von der Kupfersteinzeit bis in die römische Zeit betrieben. In der Frühen Eisenzeit hatte Salz das Kupfer als wichtigstes Handels-
gut überholt, und die Eliten, die in den Ostalpen den Abbau von Steinsalz
kontrollierten, häuften große Reichtümer an. Besonders reiche Grabbeigaben
fanden sich in den Gräbern in Hallstatt (Österreich). Neben Schwertern,
Äxten, Helmen, Dolchen und Gefäßen aus Bronze und Schmuck aus Silber
und Gold waren darunter auch einige lange Schwerter und Pferdegeschirre
aus Eisen. Die Eisenschwerter waren prunkvoll verziert und wurden offensichtlich als sehr wertvoll angesehen. Im Salzbergwerk wurden Pickel aus
Bronze, Schaufeln, Schlägel und Lederbeutel aus dieser Zeit gefunden. Die
Hallstatt-Kultur selbst war auf eine kleine Region beschränkt, beeinflusste
aber auch Süddeutschland, Böhmen und Ostfrankreich. Eisenobjekte verbreiteten sich in kleiner Anzahl immer weiter. In Norddeutschland blieben
in der Hallstattzeit die bronzezeitlichen Kulturen bestehen. Südlich der Alpen
gab es hingegen mit den Etruskern eine Hochkultur, die große Mengen an
Bronze und Eisen herstellte und deren Produkte auch bis nach Mitteleuropa
kamen. Sie bauten unter anderem einen Eisenskarn auf Elba ab.

Die Bezeichnung Latènezeit geht auf La Tène zurück, einen Opferplatz
am Ufer des Neuenburger Sees in der Schweiz. Sie bezieht sich aber auf den
gesamten keltischen Kulturkreis in Mitteleuropa. In der Ornamentik zeigen
sich auch Einflüsse der Etrusker und Griechen. In die frühe und mittlere
Latènezeit fallen die sogenannten Keltenwanderungen, bei denen die Stämme
über die Alpen und auf den Balkan vorstießen. In dieser Zeit gab es einen
generellen Trend, überall sehr viele und auch kleine Lagerstätten auszubeuten,
wodurch die Bedeutung der großen Lagerstätten der Ostalpen nachließ. Eisen
(beziehungsweise Stahl) hatte bereits in der frühen Latènezeit die Bronze als
wichtigstes Metall abgelöst, neben Waffen wurden damit vor allem Werkzeuge
für die Landwirtschaft hergestellt. Im Siegerland wurden einige Öfen und
Schmieden der Latènezeit ausgegraben (Stöllner 2010). Hier gibt es hydrothermale Eisen-Mangan-Gänge mit Siderit ($FeCO_3$) als wichtigstem Mineral.
In dieser Zeit wurden aber vor allem die Verwitterungsprodukte Hämatit
(Fe_2O_3) und Goethit (FeOOH) verwendet, die als sogenannte Glasköpfe vorkommen, blumenkohlförmige Knollen mit stark glänzender Oberfläche. Das
Erz wurde vor dem Verhütten geröstet, bei der Verhüttung im Ofen fügte
man Kalk für die Schlackenbildung hinzu. Im Laufe der Zeit gab es wohl
eine Entwicklung von kleinen Öfen, die vom Wind mit Sauerstoff versorgt
wurden, zu größeren Öfen mit Blasebälgen.

Im 2. Jahrhundert zeigt sich im keltischen Raum ein sprunghafter Anstieg
zirkulierender Goldmünzen. In vielen Regionen wurden griechische oder
römische Münzen nachgeahmt. Von Süddeutschland bis Ungarn waren hin-

gegen die sogenannten „Regenbogenschüsselchen" typisch, schüsselförmige Münzen mit Mustern oder abstrahierten Bildmotiven. Nach einer Hypothese (Junk und Pernicka 2003) stammte das Gold zum Teil durch Handel aus dem riesigen Reich von Alexander dem Großen, der große Mengen erbeutet hatte und in wenigen Jahren mehr als 500 Mio. Münzen prägen ließ.

4.6 Krösus und das erste Geld

Reich wie Krösus? Der legendäre Reichtum dieses Königs von Lydien beruhte in erster Linie auf einer älteren lydischen Erfindung. Seit dem 7. Jahrhundert v. Chr. prägte das kleine Reich an der türkischen Mittelmeerküste die ersten Münzen der Welt. Anfangs waren das nur platt gedrückte Klumpen aus Elektrum, einer natürlich vorkommenden Legierung aus Gold und Silber. Sie hatten noch kein einheitliches Gewicht und waren daher als Tauschmittel nicht besser geeignet als die überall verbreiteten Metallbarren und andere Waren, die regional als Geld dienten. Später wurde mit einem Schlagstempel ein einfaches Bild eingeprägt. Eine Münzreform, bei der im 6. Jahrhundert Münzen mit einem genormten Gewicht eingeführt wurden, in die einseitig das Bild eines Löwen geprägt war, wird Krösus zugesprochen. Damit vereinfachte sich der Tauschhandel deutlich, entsprechend breitete sich seine Idee schnell bis zu den griechischen Inseln aus. Die lydischen Münzen scheinen die Zeitgenossen so sehr fasziniert zu haben, dass sie Krösus für den reichsten König ihrer Zeit hielten. Diese Legende half ihm jedoch nicht gegen die Perser, die 541 v. Chr. sein Reich eroberten. Laut Herodot hat sich Krösus auf dem Scheiterhaufen an das Wort von Solon erinnert, niemand sei vor seinem Tode glücklich zu preisen, woraufhin er vom persischen König Kyros begnadigt wurde. Zwanzig Jahre später führte der persische König Darius I. die Münzprägung auch in Persien ein.

Karl Marx zeigte in *Das Kapital*, wie sich das Geld logisch aus der Produktion von Waren ergibt, also von Dingen, die primär für den Tausch und nicht für die direkte Konsumtion hergestellt werden. Zunächst ist Gold eine Ware wie jede andere. Es wäre durchaus möglich, zwei Waren wie Leinwand und Tee direkt ohne die Vermittlung von Geld zu tauschen, wobei bestimmte Mengen Leinwand und Tee als gleichwertig gesetzt werden, obwohl es sich um sehr verschiedene Dinge handelt. Nun treten sich aber auf dem Markt Besitzer von verschiedenen Waren gegenüber, und sie müssten ihre Ware mit dem Wert jeder anderen Ware vergleichen. Nun übernimmt eine Ware, zum Beispiel das Gold, die Form eines allgemeinen Äquivalents, mit dem sich die Werte aller anderen Waren vergleichen lassen.

Der Wert von Eisen, Leinwand, Weizen usw. existiert, obgleich unsichtbar, in diesen Dingen selbst; er wird vorgestellt durch ihre Gleichheit mit Gold, eine Beziehung zu Gold, die sozusagen nur in ihren Köpfen spukt.
Karl Marx (Marx, MEW 23, S. 110 [13])

Dass ausgerechnet Edelmetalle die Geldform annahmen, liegt nicht daran, wie selten und wertvoll sie sind, sondern hat vor allem praktische Gründe. Geld ist handlicher als zum Beispiel Rinder, lässt sich in beliebig kleine Mengen teilen und kann lange Zeit aufbewahrt werden. Der Wert einer Ware (einschließlich Gold) ist natürlich selbst eine Abstraktion, die nur durch die gesellschaftlichen Bedingungen der Warenproduktion und durch die Vermittlung im Tausch entsteht. Das Gold als allgemeines Äquivalent ist noch immer eine Ware, aber nicht mehr wie jede andere:

Es ist, als ob neben Löwen, Tigern, Hasen und allen andern wirklichen Tieren auch noch das Tier existierte, die individuelle Inkarnation des ganzen Tierreichs. Ein solches Einzelne, das in sich selbst alle wirklich vorhandenen Arten derselben Sache einbegreift, ist ein Allgemeines, wie Tier, Gott u. s. w.
Karl Marx (Marx, MEGA II.5, S. 37 [14])

Geld vermittelt nicht nur zwischen einzelnen Waren, sondern auch zwischen Menschen und bei einer entwickelten Warenproduktion auch zwischen den Schichten einer Gesellschaft, was in früheren Zeiten noch durch konkrete Gewalt und durch direkte Abgabe eines Anteils der Produktion geschah. In der Antike und im Mittelalter galt die Produktion von Konsumgütern größtenteils dem unmittelbaren Verbrauch (Subsidenz), und selbst Abgaben waren üblicherweise ein Anteil der Produktion. Die Warenproduktion, der Tauschhandel und damit das Geld waren noch nicht die wirtschaftliche Grundlage der Gesellschaft, aber von zunehmender Bedeutung, und bereits in der griechischen Antike gab es Unternehmer, die vor allem für den Tausch produzierten und nicht nur Sklaven hielten, sondern auch Lohnarbeiter anstellten. Diese Entwicklung beförderte die rasche wirtschaftliche Entwicklung Griechenlands. Im römischen Kaiserreich hatte die Münze eine wesentlich größere Bedeutung als in vielen früheren und späteren Gesellschaften. Steuern und Zölle wurden in Geldform erhoben und Legionäre bekamen ihren Sold in Münzen.

4.7 Blei und Silber

Silberminerale wie Akanthit (Silberglanz, Ag_2S), Proustit (lichtes Rotgültigerz, Ag_3AsS_3) und Pyrargyrit (dunkles Rotgültigerz, Ag_3SbS_3) oder gar gediegen Silber (Ag) kommen eher selten und meist nur in geringen Mengen vor. Daher sind silberhaltige Fahlerze und vor allem das Bleisulfid Galenit (PbS) die wichtigsten Silbererze. Galenit, auch Bleiglanz genannt, ist eines der häufigsten Erzminerale und ein Hauptbestandteil vieler hydrothermaler Lagerstätten. Fast immer hat er einen Silbergehalt zwischen 0,01 und 0,3 %, manchmal bis zu 1 %. Nach dem Rösten des Galenits zu Bleioxid erhält man beim Verhütten – wozu geringe Temperaturen in einem sehr einfachen Ofen ausreichen – zunächst silberhaltiges Blei, aus dem das Edelmetall in einem zweiten Schritt getrennt wird. Das geschah seit der Bronzezeit im Kupellationsverfahren.

Dazu blies man einen Luftstrom über das geschmolzene Blei. Durch Oxidation entstand auf der Schmelze eine Haut aus Bleiglätte (PbO), die regelmäßig mit einem Haken abgezogen wurde. Verunreinigungen wie Silikate, Arsen und Antimon reicherten sich dabei in der Bleiglätte und in der Keramik des Tiegels an, während der Silbergehalt in der Schmelze anstieg. Beim letzten Abziehen der Oxidhaut wurde die hell glänzende Silberschmelze sichtbar: der „Silberblick".

Auch bei der Silbergewinnung aus reichen Silbermineralen spielte Blei eine Rolle, da es zur Abtrennung von Verunreinigungen genutzt wurde: Dazu wurde das geröstete Silbererz zusammen mit Blei oder Bleiglätte verhüttet. Das Ergebnis ist auch in diesem Fall ein silberhaltiges „Werkblei", das wie beschrieben weiterverarbeitet werden kann. Auch unreines Silber kann auf diese Weise gereinigt werden.

Anfangs geschah dies sicherlich in einem Tiegel, während später der sogenannte Treibofen entwickelt wurde. Im 16. Jahrhundert beschrieb Agricola 1556 die Treiböfen seiner Zeit (s. Abb. 4.2), die im Gegensatz zu den kaminförmigen Schachtöfen flach und mehr oder weniger kuppelförmig waren, wie ein eingemauerter Wok mit Deckel. Das Blei befand sich in der gemauerten Pfanne, über die der Deckel abgesenkt wurde. Die Kohlen brannten in einer Kammer neben dem Ofen auf einem Rost, der eingeblasene Luftstrom ließ die Flammen über das Blei streichen.

Die bei der Kupellation erzeugte Bleiglätte kann schließlich wieder zu Blei reduziert werden. Dieses Metall war vor allem ein Nebenprodukt der Silbergewinnung, obwohl es natürlich in wesentlich größerer Menge anfiel. Die Römer verwendeten es für Wasserrohre, als Plomben, um Behälter zu versiegeln, und als Schleudergeschosse. Im Mittelalter waren viele Kirchendächer mit Blei gedeckt, und die Fassungen aus Blei gaben den Bleiglasfenstern ihren Namen. Nach der Erfindung des Schießpulvers kam der Einsatz als Projektil hinzu. Heutzutage wird Blei in Form von Gewichten, im Strahlenschutz und vor allem in Autobatterien eingesetzt.

Bleiglätte kann auch zu Mennige (Pb_3O_4) oxidiert werden. Das rote Pulver wurde schon früh als Farbpigment verwendet, große Bedeutung erlangte es als

Abb. 4.2 Dieser Holzschnitt von Agricola 1556 zeigt, wie am Treibherd die Bleiglätte abgezogen wird. Zur Figur im Vordergrund steht im Original: „Ein hungriger Meister isst Butter, damit das vom Herd ausgeatmete Gift ihm nicht schadet."

Rostschutzfarbe. So geht beispielsweise die rote Farbe der Golden Gate Bridge in San Francisco darauf zurück. Da Mennige toxisch ist, wird es jedoch heute kaum noch verwendet.

Aus vielen Silbererzen kann Silber auch mit Quecksilber durch Amalgamierung gewonnen werden. Heutzutage werden Silberminerale oft mit Cyaniden gelöst und das Silber anschließend ausgefällt. Bei der Verhüttung von Galenit wird seit dem 19. Jahrhundert das Parkes-Verfahren angewandt, das wesentlich weniger Brennstoff verbraucht und auch bei ärmeren Erzen eingesetzt werden kann. Dabei wird Zinn in die silberhaltige Bleischmelze zugegeben. Beim Abkühlen sind Zinn- und Bleischmelze nicht mehr mischbar, wobei das Silber in der Zinnschmelze gelöst wird. Da Zinn einen sehr niedrigen Siedepunkt hat, kann es leicht abdestilliert werden, das Silber bleibt zurück. Zur Reinigung von Silber nutzt man heute die Elektrolyse.

4.8 Zink und Messing

In der römischen Antike wurde eine weitere Kupferlegierung wichtig: Messing, eine Legierung aus Kupfer und typischerweise rund 20 % Zink. Das Metall ist je nach Zusammensetzung goldglänzend oder rötlich und etwas weicher als Bronze. Es zeichnet sich vor allem dadurch aus, dass es sich besonders gut verarbeiten und formen lässt und sehr resistent gegenüber Korrosion ist. Einzelne Objekte aus dieser Legierung gab es im Nahen Osten bereits in der Bronzezeit. Gezielt wurde sie ab Mitte des ersten Jahrtausends v. Chr. in Indien verwendet, während sie im Nahen Osten und im Mittelmeerraum vielleicht nur ein Zufallsprodukt war. Das änderte sich im 1. Jahrhundert v. Chr. im römischen Reich, wo sich Messing als Metall der Wahl für Waffen und Rüstungen der Legionäre durchsetzte. Das Besondere dabei ist, dass Zink selbst als Metall erst wesentlich später entdeckt wurde.

Das wichtigste Zinkerz ist Sphalerit (Zinkblende, ZnS), ein weitverbreitetes Mineral, das sehr häufig gemeinsam mit dem Blei- und Silbererz Galenit vorkommt. Die alte Bergmannsbezeichnung Zinkblende ist kein Zufall. Der Begriff „Blende" wurde für „trügerische" Minerale verwendet, die zwar nach Erzen aussahen, aus denen jedoch zumindest mit damaligen Methoden keine Metalle gewonnen werden konnten.

Das Problem der Zinkverhüttung ist der niedrige Siedepunkt des Metalls (907 °C): Bei den für das Rösten des Zinksulfids oder die Reduktion von Zinkoxid benötigten Temperaturen verdampft das Metall bereits, und daher glaubte man lange, dass in der Blende kein Metall enthalten sei. Der Dampf oxidiert sehr schnell wieder und bildet dann weiße Krusten aus Zinkoxid („Ofengalmei"). Da Blei-Silber-Erz häufig auch Sphalerit enthält, entstand dieses Material auch bei der Silberproduktion. Zinkoxid wird in der Medizin zum Beispiel in Zinksalbe verwendet. Die antiseptische Wirkung war tatsächlich schon den Römern bekannt.

Erst um 1800 gelang es, in einem speziellen Ofen den Zinkdampf zu kondensieren, ohne dass dieser dabei wieder oxidierte – zumindest in Europa, denn in Indien begann die Produktion wohl bereits im Mittelalter. Das Metall war in Europa schon etwas früher als gelegentliches Zufallsprodukt der Bleiverhüttung bekannt, das in winzigen Mengen in kühlen, aber zugleich reduzierten Bereichen eines Ofens kondensierte.

Die Produktion von Messing benötigte folglich einen anderen Prozess, der als Zementation bezeichnet wird. Rohmaterial ist Kupfermetall und Zinkoxid oder ein Zinkmineral der Oxidationszone wie das Zinkkarbonat Smithsonit ($ZnCO_3$, auch Zinkspat oder Galmei genannt). Die Römer verwendeten kleine rundum geschlossene Tontiegel (Rehren 1999), die mit Kupferstücken, Kohlestaub und Zinkoxid (oder Zinkkarbonat) gefüllt waren. Diese wurden auf eine Temperatur knapp über dem Siedepunkt von Zink erhitzt, wobei der Zinkdampf mit dem festen Kupfer reagierte. Dies geschah nicht direkt in der Glut, sondern in einem speziellen Ofen, der einen heißen Luftstrom auf die Tiegel lenkte. In der römischen Kaiserzeit bestanden viele militärische Ausrüstungsgegenstände wie Waffen und Rüstungen aus Messing, trotz der kleinen Tiegel wurden offensichtlich große Mengen hergestellt. Diese Zementation wurde auch weit weg von entsprechenden Bergwerken in Provinzstädten durchgeführt, wie in Xanthen (Nordrhein-Westfalen) ausgegrabene Tiegel zeigen.

In großem Stil wurde Messing erst im Zuge der industriellen Revolution hergestellt. Die Eigenschaften können durch Zulegieren von Blei, Zinn und Nickel angepasst werden. Die wichtigste Anwendung von Zink ist heute jedoch die Beschichtung von Eisen- und Stahlteilen als Rostschutz (Verzinken). An der Luft entsteht auf der Oberfläche eine dünne Schicht aus Zinkoxid und Zinkkarbonat (Patina), die tiefere Bereiche vor Korrosion schützt.

4.9 Metalle in der Antike

Während wir bei früheren Zivilisationen weitgehend auf archäologische Ausgrabungen angewiesen sind, haben uns griechische und römische Dichter, Philosophen und Naturforscher auch zahlreiche schriftliche Zeugnisse davon hinterlassen, was sie über Metalle wussten und welche Mythen sich um sie rankten. Aristoteles versuchte die Entstehung von Metallen zu erklären und führte alle Substanzen auf die vier Elemente Feuer, Wasser, Erde und Luft zurück. Homer, Hesiod und Ovid erzählten die Geschichte der Menschheit anhand der verwendeten Metalle. Plinius der Ältere beschrieb nicht nur einzelne Metalle, sondern auch deren Herkunft, den Bergbau und die Verhüttungsprozesse. Diodor von Sizilien schilderte ebenfalls den Bergbau. In der griechischen Mythologie war Hephaistos zugleich der Gott des Feuers und der Schmiede. Andere Götter, allen voran Zeus, waren hingegen nicht begeistert, dass Menschen das Erz aus der Tiefe der Erde holten.

Während der griechischen und römischen Antike nahm die Metallproduktion exponentiell zu. Kupferlegierungen waren für viele Anwendungen weiterhin das Material der Wahl, ob als Waffe, Werkzeug, Gefäß oder Statue, wobei Bronze im römischen Imperium oft durch Messing ersetzt wurde. Aus Eisen stellten die Römer Pfeilspitzen, Pflugscharen, Schlüssel, Scheren, Maueranker und andere Gegenstände her.

Dass vor allem Sklaven und Gefangene in den Bergwerken und an den Öfen schufteten, könnte eine Neuerung der griechischen und römischen Antike sein, die für die Ausweitung der Produktion mit verantwortlich war.

Sklaven gab es zwar auch in früheren Zeiten, waren aber eher ein Rand-phänomen und nicht die Grundlage der Wirtschaft. In den Bergbaurevieren der Antike führten die brutalen Arbeitsbedingungen und gesundheitlichen Risiken zu einer extrem niedrigen Lebenserwartung. Neben dem Abbau in kleinen Gruben an der Oberfläche trieb man Schächte und Stollen in den Berg. Massives Erz baute man auch in größeren Kammern ab. Nach dem Feuersetzen, dem Auflockern des festen Gesteins, nutzten die Römer vor allem Werkzeuge aus Eisen, um das Gestein zu zerkleinern: Hämmer, Keile und Pickel. Das Erz wurde mit Körben, Säcken oder Holzschlitten an die Oberfläche geschleppt. Mit Eimern brachte man Wasser aus den Gruben, mit der archimedischen Schraube konnte man es auch um einige Meter aufwärts pumpen. Kleine Öllampen spendeten nur wenig Licht.

Eine wichtige Rolle spielte in der Antike die schnelle Entwicklung des Münzwesens. Der entsprechende Bedarf an Metallen für die Münzprägung nahm in der klassischen Zeit der Griechen ständig zu und gipfelte in der römischen Kaiserzeit. Jenseits der Landwirtschaft drehte sich ein signifikanter Teil der wirtschaftlichen Leistung um die Produktion von Silber und Kupfer für die Münzprägung, also um die Herstellung des Tauschmittels, das dann zum Tausch anderer Güter und in der römischen Kaiserzeit zum Eintreiben von Steuern und für den Sold der Legionäre dienen konnte.

In Griechenland setzten sich Silbermünzen als wichtigstes Zahlungs-mittel durch, es gab aber auch Münzen aus Gold, Elektrum und Kleingeld aus Kupfer. Die Silberminen von Laurion (heute Lavrio) im südlichen Attika waren eine der wichtigsten Quellen, auf denen der Reichtum von Athen beruhte. Geologen interessiert vielleicht, dass es sich dabei um eine hydro-thermale Blei-Silber-Zink-Verdrängungslagerstätte handelt, die zudem auch bedeutende Mengen an Kupfer enthält. Aus Laurion stammte das Silber, aus dem die attischen Drachmen geprägt wurden, die das Bild einer Eule trugen. Der Spruch „Eulen nach Athen tragen" bezieht sich auf die reiche Stadt, in der kein Mangel an Drachmen herrschte. Der Abbau begann bereits im 3. Jahrtausend, in der Bronzezeit war die Mine ein wichtiger Kupferlieferant. Die Blütezeit der Gruben war die klassische griechische Antike; sie waren in Staatsbesitz, und der Abbau erfolgte durch Sklaven. Aus dieser Zeit sind auch noch die Waschanlagen erhalten, mit denen das Erz aufbereitet wurde.

In der römischen Kaiserzeit gab es neben Münzen aus Gold (Aureus) und Silber (Denar) vor allem Kleingeld aus Kupfer (As und Quadrans) und Messing (Sesterz und Dupondius). Das Geld war jetzt auch Mittel der Propaganda: Auf den Münzen prangte das Bild des Kaisers. Immer größere Mengen an Münzen waren im Umlauf, Steuern wurden in Geldform erhoben und Legionäre erhielten einen Sold. Zur Zeit des Kaisers Augustus waren das für jeden Legionär 10 Asse pro Tag, man kann sich leicht ausmalen, dass für die Unterhaltung einer großen Armee sehr viele Kupfermünzen gebraucht wurden. Die Herkunft der Metalle kann in diesem Fall sehr gut mit Bleiisotopen nachgewiesen werden. Dabei spielten anfangs noch die Minen in der Toskana und auf Sardinien eine Rolle, später kam fast das gesamte Metall, das in Rom zu Münzen geprägt wurde, in Barrenform aus Spanien (Klein et al. 2004; Klein 2007). Die Römer betrieben auch in anderen Teilen des Reiches Bergbau, beispielsweise in der Toskana, auf Sardinien, dem Balkan, Zypern und den Britischen Inseln, in den Ostalpen und auch in Deutschland (zum Beispiel im Schwarzwald bei Badenweiler und im Siegerland).

Im italienischen Raum betrieben nach den frühen Anfängen in der Kupfersteinzeit die Etrusker und auf Sardinien die Phönizier schon lange vor den Römern einen umtriebigen Bergbau. Die Römer selbst verwendeten Metalle in nennenswerter Menge erst, nachdem sie die Bergbauregionen der Etrusker erobert hatten. Während der römischen Republik bestanden die Münzen zunächst aus Kupfer oder Bronze. In den drei Punischen Kriegen gegen die Handelsmacht Karthago – deren Feldherr Hannibal von Spanien kommend mit Kriegselefanten die Alpen überquerte und kurzerhand vor den Toren Roms stand – brachte Rom wichtige Bergbaugebiete in seinen Herrschaftsbereich. Dazu zählt der sogenannte Iberische Pyritgürtel in Südspanien und Südportugal, mit einer ungewöhnlichen Ansammlung von mehreren riesigen und Hunderten kleinen VMS-Lagerstätten (s. Abschn. 1.5) mit großen Mengen Kupfer, Silber, Blei und Zink, außerdem etwas Gold. Der Bergbau hatte hier schon deutlich früher begonnen, aber unter den Römern entstand an dieser Stelle ein Bergbaurevier von nie da gewesenen Ausmaßen, in dem vor allem die hochwertigen Erze der Oxidationszone auf Kupfer, Silber und Blei ausgebeutet wurden. Noch heute liegen bei Rio Tinto, Tharsis, Aljustrel und anderen Revieren einige Millionen Tonnen Schlacken auf Halden aus römischer Zeit. Die Stollen und Schächte reichten bis zu hundert Meter in die Tiefe, Wasserräder schaufelten das Grubenwasser an die Oberfläche.

Mehr als die Hälfte der damaligen Weltproduktion von Kupfer, Silber und Blei kam von der Iberischen Halbinsel, an der anderen Hälfte hatten Zypern und andere Reviere des Römischen Reiches große Anteile. Wissenschaftler haben versucht, die weltweite Jahresproduktion anhand der Schwermetallgehalte im Gletschereis von Grönland zu ermitteln (s. Abschn. 3.5). Um das Jahr 0 gipfelte die Weltproduktion bei 15.000 t Kupfer pro Jahr, was grob dem Hundertfachen der Jahresproduktion während der späten Bronzezeit entspricht (Hong et al. 1996). Nach dem Ende des Römischen Reichs brach die Produktion ein, solche Zahlen wurden erst wieder während der industriellen Revolution erreicht. Gleichzeitig erreichte die Silberproduktion ihren Höhepunkt, als Nebenprodukt fielen dabei jährlich 80.000 t Blei an (Hong et al. 1994; Renberg et al. 1994). Die damalige Emission von Blei in die Atmosphäre wurde nur in dem Zeitraum, in dem Autos mit verbleitem Benzin fuhren, übertroffen.

Das Blei wurde in erster Linie zu Wasserrohren verarbeitet. Die daraus resultierenden gesundheitlichen Schäden haben vielleicht sogar zum Untergang des Imperiums beigetragen. Neben der Verwendung von Bleioxid als Medikament sind auch die ägyptischen Mumien der römischen Zeit bemerkenswert, die vor allem für die auf Holz gemalten Porträts berühmt sind. Das Leinen dieser Mumien ist häufig rot gefärbt, und eine Untersuchung der Pigmente ergab, dass es sich um Bleioxid handelt, das bei der Verhüttung von Silbererz am Rio Tinto in Spanien anfiel (Walton und Trentelman 2009).

Mit Spanien war auch die Quecksilbermine Almadén in römische Hände geraten. Dabei handelt es sich um eines der größten Quecksilbervorkommen der Welt, von hier stammt ein Drittel von allem jemals gefördertem Quecksilber. Das wichtigste Erzmineral ist Cinnabarit (Zinnober, HgS), der in Adern und Gesteinsporen steckt, es gibt aber auch Tröpfchen von gediegen Quecksilber. Das Metall kann mit einem Destillationsofen leicht aus dem Cinnabarit gewonnen werden. Das bei Zimmertemperatur flüssige Metall muss Menschen schon früh fasziniert haben, es war bereits im Chalkolithikum bekannt. In Ägypten fand Heinrich Schliemann in einem Grab in Kurna (Mittlere Bronzezeit) einen mit Quecksilber gefüllten Krug. Das hochgiftige Metall wurde auch als Medikament verwendet, was vermutlich eher geringen Erfolg hatte. Bereits die Phönizier und Karthago handelten mit Zinnober und Quecksilber von Almadén. Sie könnten die Ersten gewesen sein, die es zum Feuervergolden und zur Goldgewinnung einsetzten. Bringt man Quecksilber in Kontakt mit Gold, entsteht eine Legierung, das Amalgam, das je nach Mengenverhältnis flüssig oder fest ist. Dies kann zur Gewinnung von sehr feinen Goldpartikeln aus einem lockeren Sediment oder gemahlenem Erz verwendet werden, bei dem das Waschen nicht mehr möglich ist. Das Amalgam wird anschließend erhitzt, wobei das Quecksilber verdampft und Gold zurückbleibt. Dieser zweite Schritt kann zum Vergolden von Metallgegenständen eingesetzt werden, indem das Amalgam auf diese aufgetragen und der Gegenstand im Feuer erhitzt wird.

Die Römer waren vor allem am roten Zinnober interessiert, das sie zum Färben verwendeten: Senatoren und hohe Offiziere trugen eine zinnoberrote Tunika. Sie waren aber auch die Ersten, die größere Mengen Quecksilber in der Metallurgie nutzten. Nach den Beschreibungen von Plinius dem Älteren hat sich das Verfahren bis zum Kleinbergbau in heutiger Zeit kaum verändert. Ein Jahrhundert lang importierte Rom jährlich 5000 t Quecksilber aus Spanien für die Goldverarbeitung (Lacerda und Salomons 1998), bis dies – vermutlich wegen gesundheitlicher Probleme – verboten wurde.

Die Römer wussten sehr genau, mit welchen Materialien sie technische Keramik für Öfen und Tiegel herstellten konnten, die hohen Temperaturen standhielt. Sie entwickelten zum Beispiel doppellagige Tiegel aus zwei verschiedenen Keramiken, die sie von außen in der Glut auf bis zu 1400 °C erhitzen konnten (König und Serneels 2013). Bei Tiegeln aus früheren Zeiten wäre dabei die Keramik so stark angeschmolzen, dass sie sich wie weiches Wachs verformt hätte – wenn sie nicht zuvor bereits zersprungen wäre.

Literatur

Agricola, G. 1556. *De Re Metallica Libri XII*. Basel. Deutsche Ausgabe 2007, Matrix, Wiesbaden, unveränderter Nachdruck der Erstausgabe von 1928 des VDI-Verlags, Berlin.

Alpern, S. B. 2005. Did they or didn't they invent it? Iron in Sub-Saharan Africa. *History in Africa* 32:41–94.

Bocoum, H. 2004. *The origins of iron metallurgy in Africa. New light on its antiquity in West and Central Africa*. Paris: UNESCO Publishing.

Holl, A. F. C. 2009. Early West African metallurgies: New data and old orthodoxy. *Journal of World Prehistory* 22:415–438.

Hong, S., J.-P. Candelone, C. C. Patterson, und C. F. Boutron. 1994. Greenland ice evidence of hemispheric lead pollution two millennia ago by greek and roman civilizations. *Science* 265:1841–1843.

Hong, S., J.-P. Candelone, C. C. Patterson, und C. F. Boutron. 1996. History of ancient copper smelting pollution during Roman and Medieval times recorded in Greenland ice. *Science* 272:246–249.

Junk, S. A., und E. Pernicka. 2003. An assessment of osmium isotope ratios as a new tool to determine the provenance of gold with platinum-group metal inclusions. *Archaeometry* 45:313–331.

Killick, D. 2009. Cairo to Cape: The spread of metallurgy through Eastern and Southern Africa. *Journal of World Prehistory* 22:399–414.

Klein, S. 2007. Dem Euro der Römer auf der Spur – Bleiisotopenanalysen zur Bestimmung der Metallherkunft römischer Münzen. In *Einführung in die Archäometrie*, Hrsg. Wagner, G. A.. Heidelberg: Springer.

Klein, S., Y. Lahaye, und G. P. Brey. 2004. The early Roman imperial aes coinage II: Tracing the copper sources by analysis of lead and copper isotopes – copper coins of Augustus and Tiberius. *Archaemetry* 46:469–480.

König, D., und V. Serneels. 2013. Roman double-layered crucibles from Autun/France: A petrological and geochemical approach. *Journal of Archaeological Science* 40:156–165.

Lacerda, L. D., und W. Salomons. 1998. *Mercury from gold and silver mining: A chemical timebomb?* Berlin: Springer.

Marx, K. 2005. *Das Kapital: Kritik der Politischen Ökonomie*, Bd. 1. Marx Engels Werke, Bd. 23, 23. Aufl. Berlin: Dietz.

Marx, K. 1867. *Das Kapital*, Bd. 1, Druckfassung 1867. In Marx Engels Gesamtausgabe, Bd. II.5. Online auf http://www.telota.bbaw.de/mega Zugegriffen: 19. Jan. 2016.

Possehl, G. L., und P. Gullapalli. 1999. The early iron age in South Asia. In *The archaeometallurgy of the Asian old world*, Hrsg. Pigott, V. C. Philadelphia: University of Pennsylvania Press, Museum of Archaeology and Anthropology.

Rehren, T. 1999. Small size, large scale Roman brass production in Germania Inferior. *Journal of Archeological Science* 26: 1083–1087.

Renberg, I., M. W. Persson, und O. Emteryd. 1994. Pre-industrial atmospheric lead contamination detected in Swedish lake sediments. *Nature* 368:323–326.

Stöllner, T. 2010. Rohstoffgewinnung im rechtsrheinischen Mittelgebirge – Forschungen zum frühen Eisen. Siegerland, *Blätter des Siegerländer Heimat- und Geschichtsvereins* 87:101–132.

Tewari, R. 2003. The origins of iron working in India: New evidence from the Central Ganga Plain and the Eastern Vindhyas. *Antiquity* 77:536–544.

Tsetskhladze, G. R. 1995. Did the greeks go to colchis for metals? *Oxford Journal of Achaeology* 14:307–331.

Veldhuijzen, H. A., und T. Rehren. 2007. Slags and the city: early iron production at Tell Hammeh, Jordan, and Tel Beth-Shemesh, Israel. In: *Metals and mines: studies in archaeometallurgy*, Hrsg. La Niece, S. Hook, D. und Craddock, P., London: Archetype Publications.

Waldbaum, J. C. 1999. The coming of iron in the eastern Mediterranean. In: *The archaeometallurgy of the Asian old world*, Hrsg. Pigott, V. C. Philadelphia: University of Pennsylvania Press, Museum of Archaeology and Anthropology.

Walton, M. S., und K. Trentelman. 2009. Romano-Egyptian red lead pigment: A subsidiary commodity of spanish silver mining and refinement. *Archaeometry* 51:845–860.

Yalcin, Ü. 1999. Early iron metallurgy in Anatolia. *Anatolian Studies* 49:177–187.

5

Mittelalter und Renaissance

Nach dem Zusammenbruch des Römischen Reichs war auch die Metallproduktion fast völlig zum Erliegen gekommen; im Frühmittelalter erfolgte
die Versorgung mit Metallen in erster Linie aus den römischen Ruinen.
Im Hochmittelalter kam es zu einer neuen Blüte. Wichtig war vor allem
der Silberbergbau, gleichzeitig wurden zunehmende Mengen an Eisen hergestellt. Bronze war nun nicht mehr für Waffen, sondern für Kirchenportale
und Glocken gefragt. Nach einer kurzen Krise sorgte in der Renaissance eine
Reihe an technischen Neuerungen für einen weiteren Aufschwung. Doch
wenig später überfluteten die Spanier Europa mit Silber aus der Neuen Welt
und lösten eine regelrechte Inflation und den Zusammenbruch des Silberbergbaus aus. Die Glaubenskriege zwischen Katholiken und Reformierten
und der Dreißigjährige Krieg sorgten für einen weiteren Niedergang.

5.1 Metalle im Mittelalter

Von zaghaften Anfängen abgesehen begann kurz vor 1000 n. Chr. der Silberbergbau im Harz, in den Vogesen und im Schwarzwald. Technologisch geschah
dies zunächst auf einem deutlich niedrigeren Niveau als zur römischen Zeit,
nämlich fast ausschließlich in oberflächennahen Schürfgruben, sogenannten
Pingen. Der Rammelsberg bei Goslar (Liessmann 2010) gehörte zu den ersten
Lagerstätten, in denen im Mittelalter der Abbau auch unter Tage begann. Es
handelte sich um ein sehr großes Vorkommen von massiven Sulfiderzen, die
zunächst vor allem Kupfer und Silber lieferten. Das Bergwerk war so wichtig,
dass Goslar im Mittelalter eine der wichtigsten Städte des Kaiserreichs war,
die nächsten 1000 Jahre erfolgte der Abbau nahezu kontinuierlich.

Die Blütezeit des mittelalterlichen Silberbergbaus folgte im 12. und 13.
Jahrhundert. Der Aufschwung verschaffte den Bergleuten eine Sonder-
stellung innerhalb der feudalen Gesellschaften, sie waren keine Leibeigenen
mehr, sondern selbstständige Arbeiter, die in genossenschaftlichen Gewerken
zusammenarbeiteten. Der Landesherr war Besitzer der Bodenschätze („Berg-
regal"), er profitierte durch den Bergzehnt, den die Bergleute abgeben mussten.

Die engen Stollen wurden in Handarbeit mit Schlägel und Eisen geschlagen, den beiden Hämmern, die noch heute als Bergbausymbol dienen.
Das spitze Eisen war eine Art Meißel mit Holzgriff, der mit dem Schlägel,
einem schweren Fäustel, in den Fels getrieben wurde. Das Feuersetzen war
eine bereits seit der Steinzeit bekannte Methode, um festes Gestein aufzu-
lockern. Dabei zündete man eine Art Scheiterhaufen an der Stollenwand
an. Durch die Hitze bekam das Gestein Risse oder platzte gar in schalen-
förmigen Platten ab. Problematisch waren die starke Rauchentwicklung im
Bergwerk und mögliche Ansammlungen von Kohlenmonoxid, die eine gute
Bewetterung (Durchlüftung) notwendig machten. Außerdem setzte der hohe
Holzverbrauch in waldarmen Regionen der Anwendung eine Grenze. Bei
Erzen mit einem niedrigen Schmelzpunkt konnte die Methode nicht angewandt werden.

Wenn der Abbau in Pingen an der Oberfläche nicht mehr möglich war,
folgte man dem Gang mit einem engen Stollen und baute das Erz in kleinen
Kammern ab. Man verwendete insbesondere die hochwertigen Erze der oberflächennahen Oxidations- und Zementationszone. Das Grubenwasser wurde
in der Regel von Wasserknechten in Eimern aus der Grube geschafft. Das
Wasserproblem begrenzte die erreichbare Tiefe der Gruben, Schächte waren
daher anfangs nur 10–20 m tief.

Nachdem im vorher kaum besiedelten Erzgebirge 1168 das erste Silber entdeckt wurde, entwickelte es sich zur wichtigsten Bergbauregion und Freiberg
zur größten und reichsten Stadt in Sachsen. Der im Vergleich zu Erzgebirge
und Harz weniger bedeutende Silberbergbau im Schwarzwald machte Basel
und Freiburg reich. Das als Stadtkirche erbaute Freiburger Münster, maßgeb-
lich durch den Silberbergbau finanziert, gehörte lange zu den höchsten Ge-
bäuden der Welt. In Deutschland ist dies eine der wenigen großen gotischen
Kirchen, die auch im Mittelalter fertiggestellt wurden. Die Bergleute vom
Schauinsland stifteten ein Kirchenfenster, das Darstellungen ihrer Arbeit
zeigt.

Silber wurde vor allem für die Münzprägung und für die Ausstattung der
Kirchen gebraucht; für die im Abbau beteiligten Städte war es unmittelbarer Reichtum. Mengenmäßig war natürlich die Produktion von Kupferlegierungen und vor allem von Eisen bedeutender. Aus Bronze und Messing
entstanden Kirchenglocken, Portale, Taufbecken, Skulpturen, aber auch
Töpfe. Der Rammelsberg war mit Abstand die wichtigste Kupferquelle Mitteleuropas. Zinn wurde vor allem aus den Flüssen des Erzgebirges gewaschen.

Eisen war im Mittelalter das für Waffen und Werkzeuge am häufigsten verwendete Metall. Das Ausschmieden der Eisenluppe und die Verarbeitung zu
Draht, Blech und Stäben war zunächst noch reine Handarbeit. Die auf Blech
spezialisierten Schmiede, die Plattner, stellten kunstvolle Ritterrüstungen und

Pfannen her. Schwerter entstanden aus zusammengeschweißten Stahl- und Eisenschienen (Schweißdamast, s. Abschn. 5.2). Brauchbare Eisenerze waren weitverbreitet, man nutzte oberflächennahe Vorkommen, zum Beispiel von Bohnerz oder Sumpferz, die auch sehr klein sein durften. Für Eisen lohnte sich der arbeitsintensive Bau von langen Stollen nicht. Anfangs nutzte man einfache Rennöfen, die oft auf Hügeln errichtet wurden und die der Wind mit Sauerstoff versorgte. Da diese Öfen oft in Waldregionen lagen, hießen die Eisenhütten auch Waldschmieden. In Katalonien baute man schon ab dem 8. Jahrhundert mit Wasser betriebene Kompressoren, um Luft einzublasen. Im Hochmittelalter versorgten in Mitteleuropa zunehmend wassergetriebene Blasebälge die Glut mit Sauerstoff. Die weiterentwickelten Rennöfen, sogenannte „Stücköfen" oder „Wolfsöfen", mussten daher an Wasserläufen gebaut werden. Sie waren 2–6 m hoch und entsprechend leistungsfähig, was die spätmittelalterliche Produktion forcierte. Außerdem hatten sie ein besseres Verhältnis zwischen der Erzmasse und der die Wärme abstrahlenden Außenhülle des Ofens und einen stärkeren Kamineffekt. Dadurch wurden deutlich höhere Temperaturen erreicht, die in einem Teil des Ofens den Schmelzpunkt von Eisen überschreiten konnten. Ein Teil des Metalls floss dann zusammen mit der Schlacke ab. Auf diese Weise wurde das Gusseisen eher zufällig entdeckt (Wagenbreth 1999), allerdings konnte man zunächst mit diesem „verdorbenen Eisen" nichts anfangen, da es durch seinen hohen Kohlenstoffgehalt sehr spröde und nicht schmiedbar war. Schließlich entwickelte man Methoden, um den Kohlenstoffgehalt zu reduzieren und somit Gusseisen (beziehungsweise Roheisen) in Schmiedeeisen oder Stahl zu verwandeln: das sogenannte Frischen. Im Frischeherd (s. Abb. 5.1) wurden Stücke aus Gusseisen in einem Tiegel aufgeschmolzen, wobei ein Blasebalg einen Luftstrom darüber blies, der den Kohlenstoff oxidierte. Daraufhin entstanden im 12. und 13. Jahrhundert vereinzelt die ersten einfachen Hochöfen, in denen Eisen gezielt oberhalb des Schmelzpunktes reduziert wurde. Die Reste früher Hochöfen haben Archäologen in Lapphyttan in Schweden, in Dürstel bei Basel und im märkischen Sauerland ausgegraben. Dabei handelte es sich um eine direkte Weiterentwicklung der Rennöfen, wobei durch die größere Höhe der Kamineffekt weiter verstärkt wurde. Während Rennöfen nach jedem Durchgang geöffnet, entleert und wieder gefüllt werden, erfolgt der Betrieb eines Hochofens kontinuierlich. Unten werden regelmäßig flüssiges Roheisen und Schlacke abgestochen, oben werden Erz und Kohle nachgefüllt. Die Produktivität war damit deutlich höher als in den anderenorts noch immer betriebenen Rennöfen, die Weiterverarbeitung des Roheisens zu Stahl blieb aber arbeitsaufwendig.

Im 14. Jahrhundert entstanden mit Wasserkraft betriebene Hammerwerke, in denen unter geringerem Arbeitsaufwand die Eisenluppe der Rennöfen

Abb. 5.1   Frischeherd in einem Holzschnitt von Agricola (1556)

ausgeschmiedet und Blech hergestellt werden konnte. Ähnliche als „Poche" bezeichnete Anlagen wurden zur Zerkleinerung von Erz eingesetzt. Die Trennung verschiedener Erze erfolgte noch per Hand.

Die Krise des 14. Jahrhunderts mit seinen Kriegen und Pestepidemien ging mit einem Niedergang des Bergbaus einher. Viele Gruben waren bereits so tief, dass der Abbau mit der bisherigen Technik immer aufwendiger und das Grubenwasser ein immer größeres Problem wurde. Teilweise waren die ersten Pumpen in Betrieb, die mit Wasserkraft oder von Pferden angetrieben wurden, aber noch nicht sehr effektiv waren.

5.2 Damaszenerstahl und Schweißdamast

Als die Kreuzritter in den Nahen Osten einfielen, machten sie Bekanntschaft mit Schwertern, die schärfer waren als ihre eigenen und zudem sehr hart – aber trotzdem nicht spröde. Die meist gebogenen Klingen bestanden aus einem Stahl mit einem sehr hohen Kohlenstoffgehalt von etwa 1,5 % und zeigten durch Polieren ein charakteristisches Wellenmuster, das auf entsprechend angeordnetes Eisenkarbid zurückgeht. Dieser Stahl wird seither als Damaszenerstahl oder Schmelzdamast bezeichnet, obwohl er ursprünglich nicht aus Damaskus, sondern aus Südindien stammt, wo er spätestens seit 300 v. Chr. hergestellt wird. Persien und das Osmanische Reich stellten vom 16. bis ins 18. Jahrhundert besonders viele Damaszenerklingen her, wozu aus Indien importierte Stahlbarren als Rohstoff dienten. Die Kunst der Herstellung von Damaszenerstahl ging Ende des 18. Jahrhunderts verloren. Inzwischen wurden solche Verfahren wieder entwickelt – wie nah sie am ursprünglichen Verfahren sind, wissen wir jedoch nicht.

Ausgangsmaterial waren Barren aus sogenanntem Wootzstahl. Dieser wurde seit der Antike in Südindien durch Zusammenschmelzen von Eisenerz (oder Schmiedeeisen), Kohlenstoff, Glas und anderen Zutaten wie Holz und Blättern in Tiegeln erzeugt – der genaue Prozess ist nicht mehr bekannt. Im Tiegel bildeten sich Stahlstücke und eine Schlacke; der Stahl wurde zu Barren geschmiedet und weiterverarbeitet. Pulat war eine ähnliche Stahlvariante aus dem heutigen Pakistan (Feuerbach 2006).

Vermutlich spielte bei der Herstellung von Wootz die spezielle Zusammensetzung des indischen Erzes eine Rolle, da sich der Gehalt bestimmter Spurenelemente auf die Kristallisation der Eisenkarbidpartikel im Stahl auswirkt – namentlich etwas Vanadium, Chrom und Titan bei gleichzeitig sehr niedrigen Gehalten an Phosphor und Schwefel (Verhoeven et al. 1996, 1999). Beim Schmieden reichern sich die Eisenkarbidpartikel in Lagen an, was das Wellenmuster der Klingen erzeugt. Die Schmiede konnten diese Lagen gezielt zu

Mustern verformen. Wootz-Stahl durfte beim Schmieden nicht heißer als bis
zur Rotglut erhitzt werden, da sich sonst die Mikrostrukturen veränderten
und das Metall sehr spröde wurde.

Eine Besonderheit ist, dass darin Eisenkarbid in Form von hauchdünnen
Drähten eingebettet ist. Forscher aus Dresden fanden in Damaszenerstahl auch
Nanoröhren aus Kohlenstoff (Reibold et al. 2006). Möglicherweise bildeten
sich diese im Tiegel aus den organischen Zutaten. Diese Röhren könnten sich
dann bei der Weiterverarbeitung mit der Eisenkarbidphase Zementit gefüllt
haben. Allerdings wurde angezweifelt, ob die Forscher wirklich Kohlenstoff
gesehen haben (Sanderson 2006).

Eine Damaststruktur, die dem „echten" Damast ähnelt, kann auch durch
Zusammenschweißen aus Eisen- und Stahllagen erzeugt werden, was als
„Schweißdamast" bezeichnet wird. So ähnlich funktionierte bereits das Ausschmieden der Eisenluppe eines Rennofens: Das Metall wird immer wieder
gefaltet und durch Schmieden wieder verschweißt. Ganz ähnlich schweißten
die Kelten schon in der vorrömischen Zeit Lagen aus Eisen und Stahl zu
einem Verbundstahl zusammen. Im europäischen Mittelalter waren Schwerter
aus Schweißdamast die Regel, bis im späten Mittelalter die indirekte Stahlerzeugung aus Gusseisen aufkam und das aufwendige Verfahren unnötig
machte. Japanische Schwerter und südostasiatische Kris, wie die dortigen
wellenförmigen Dolche genannt werden, bestehen ebenfalls aus einem
Schweißverbundstahl.

5.3 Johannes Gutenberg und die beweglichen Lettern

Die Erfindung des Buchdrucks um 1450 beschleunigte die tiefgreifenden gesellschaftlichen Veränderungen des 15. und 16. Jahrhunderts. Während zuvor
in Handschrift einzelne Exemplare angefertigt wurden, waren plötzlich große
Auflagen möglich. Bücher, Flugschriften und die ersten Zeitungen fanden
eine weite Verbreitung und sorgten für die Ausbreitung neuer Ideen, wovon
insbesondere humanistische und reformatorische Strömungen profitierten.

Die Anfänge des Drucks gehen wesentlich weiter zurück. Stempel für einzelne Buchstaben waren schon in der Antike bekannt, für größere Auflagen aber
waren sie kaum geeignet. Schon früh begannen die Chinesen, ganze Seiten in
einen Holzblock zu schneiden, Text und Bilder mussten sie dabei fein säuber-
lich spiegelverkehrt ins Holz schnitzen. Dieser Blockdruck kam in Europa
kurz vor der bahnbrechenden Erfindung durch Johannes Gutenberg ebenfalls
zum Einsatz, war aber für eine massenhafte Anwendung viel zu aufwendig.

Den Durchbruch schaffte Johannes Gutenberg, indem er bewegliche Lettern aus einer speziellen Bleilegierung verwendete. Mit ihnen konnte Buchstabe für Buchstabe eine Seite gesetzt werden. Diese wiederverwendbaren Lettern mussten nicht wie zuvor einzeln geschnitzt werden, er benötigte für jedes Zeichen nur einen einzigen gravierten Metallstempel als Original. Damit konnte er schnell mit einem von ihm neu entwickelten Gussverfahren beliebig viele Lettern herstellen. Aus den schon früher in der Landwirtschaft verwendeten Spindelpressen entwickelte er schließlich die Druckerpresse, und aus Ruß, Leinölfirnis und anderen Bestandteilen mischte er eine neuartige Druckerfarbe, die haltbar, schnell trocknend und nicht zu dünnflüssig war.

Mit dieser Reihe an Erfindungen war der moderne Buchdruck entwickelt, dessen Prinzip sich bis zur Einführung des Fotosatzes und digitaler Verfahren ab der Mitte des 20. Jahrhunderts nicht wesentlich geändert hat. Im Vergleich zum Blockdruck konnte man nun nicht nur wesentlich schneller die Druckvorlage für eine Seite in bester Qualität herstellen, das Metall ermöglichte auch größere Auflagen, und man konnte sogar im letzten Moment einen Buchstaben austauschen, um einen Fehler zu verbessern.

Bei der Entwicklung der Bleilettern konnte Gutenberg wohl auf einige Erfahrung als Goldschmied zurückgreifen. Eigentlich hieß der in Mainz um 1400 geborene Kaufmannssohn Johannes Gensfleisch, der „Hof zum Gutenberg" war das Haus seiner Eltern. Über seine Jugend und seine Ausbildung ist wenig bekannt. Seine Familie zog wie auch andere Patrizierfamilien mehrfach von Mainz weg, was vor allem mit den Steuern und Zöllen zusammenhing. Spätestens 1434 hatte sich Gutenberg in Straßburg niedergelassen, wo er für etwa ein Jahrzehnt als Goldschmied tätig war. Unter anderem fertigte er aus einer Blei-Zinn-Legierung sogenannte Wallfahrtsspiegel an. Bei diesen beliebten Devotionalien handelte es sich um eine Art Pilgerabzeichen. Darauf war das Wallfahrtsziel, der entsprechende Heilige oder ein ähnliches Motiv abgebildet, während der angebrachte Spiegel angeblich die Wunderkräfte des Ortes einfangen konnte.

Vermutlich begann Gutenberg bereits in Straßburg mit Experimenten zum Buchdruck. Die Wallfahrtsspiegel könnten ihn auf die Legierung für die beweglichen Lettern gebracht haben. Welche Zusammensetzung er genau verwendete, wissen wir nicht mit Sicherheit, die Legierung muss aber ungefähr der bis in die heutige Zeit verwendeten entsprochen haben. Diese besteht zu fast zwei Dritteln aus Blei, einem knappen Drittel aus Zinn, dazu wenigen Prozent Antimon und häufig etwas Wismut, manchmal auch Kupfer. Blei und Zinn haben beide einen sehr niedrigen Schmelzpunkt, sind aber viel zu weich für unseren Zweck. Die genannte Legierung hat ebenfalls einen sehr niedrigen Schmelzpunkt, ist aber zugleich wesentlich härter. Außerdem erstarrt sie beim Abkühlen schnell und verliert dabei kaum an Volumen, sodass keine unerwünschten Senken, sogenannte Lunker, auf der Metalloberfläche entstehen.

Wer eine neue Schriftart gestalten wollte, musste jeden Buchstaben spiegelverkehrt als Relief in einen Stahlstempel gravieren, die sogenannte Patrize. Diese wurde mit einem Hammer in eine Scheibe aus Kupfer oder Messing geschlagen, die als Gussform diente, die sogenannte Matrize. Gutenberg konstruierte ein Handgussinstrument, das aus zwei von einem Bügel zusammengehaltenen Metallbacken bestand, umgeben von einer Isolierung aus Holz. Man setzte die gewünschte Matrize zwischen die Backen, schloss den Bügel und goss die Metallschmelze in den Gießkanal im Inneren der Form. Kaum war die Schmelze erstarrt, öffnete man die Form und entnahm die Letter. Dank einer Sollbruchstelle wurde diese mit einem Handgriff auf eine genormte Länge gebracht.

Spätestens 1448 hatte Gutenberg in Mainz eine Druckwerkstatt aufgebaut, in der er seine Experimente fortsetzte. Zwei Jahre später druckte er die ersten kurzen Texte und kleinere Bücher, weitere fünf Jahre später lag die berühmte Gutenbergbibel in einer Auflage von etwa 180 Exemplaren vor. Das Besondere daran war nicht nur die hohe Auflage und das neuartige Verfahren, sondern die Schönheit des Schriftbildes.

5.4 Renaissance im Bergbau

Nach der Krise der feudalen Gesellschaften im 14. Jahrhundert hatte sich Europa im 15. und 16. Jahrhundert grundlegend gewandelt. Die Kunst ging neue Wege, mit dem Humanismus kam eine Weltanschauung auf, die sich nicht an Gott, sondern am Menschen orientierte, und Wissenschaft und Technik feierten – von der mittelalterlichen Enge klösterlicher Bibliotheken befreit – ungeahnte Entdeckungen.

Die technologischen Fortschritte machten sich auch im Bergbau und in der Verhüttung bemerkbar, und es kam zu einer neuen Blütezeit. Die neue Technik ermöglichte den Abbau in immer größerer Tiefe. Der Schachtbau wurde entwickelt, und die Förderung erfolgte mit Seilwinden, die zum Teil bereits mit Pferden oder Wasserrädern angetrieben wurden. Wo es nicht möglich war, das Wasser aus der Grube über einen speziellen Stollen abzuleiten, baute man mit Wasserkraft betriebene Pumpen, die sogenannten Wasserkünste (s. Abb. 5.2). Damit die Gruben in der Trockenzeit nicht absoffen, sammelte man Wasser in Stauteichen. Blasebälge verbesserten die Belüftung der Stollen. Markscheider vermaßen die immer weitläufigeren Bergwerke. Man verlegte hölzerne Schienen, über die hölzerne Förderwagen geschoben wurden. Eine verbesserte Öllampe, die „Froschlampe", gab den Bergleuten

Abb. 5.2 Wasserkunst in einem Holzschnitt von Agricola (1556)

Licht. Auch die Aufbereitung des Erzes wurde mechanisiert, in Pochwerken zerschlugen wassergetriebene Hämmer das Erz, das auf Waschtischen in einer Wasserströmung nach der Dichte der Minerale sortiert wurde. Hinzu kamen neu entwickelte Verfahren wie die Saigerhütten (s. Abschn. 5.8): Mit diesen war erstmals die Silbergewinnung aus Kupfererzen möglich, was Revieren mit entsprechenden Erzen zu einem enormen Aufschwung verhalf.

Die neuen Methoden machten auch in alten Revieren den Abbau wieder möglich, waren aber mit enormen Investitionen verbunden, die von den Gewerken nicht leicht aufzubringen waren. Eine Möglichkeit war der Verkauf von Anteilsscheinen (Kuxe). Manchmal bezahlte der Landesherr eine größere Investition wie den Bau eines Stollens zum Ableiten des Wassers, zugleich nahm die Bedeutung von Kaufleuten und Bankiers zu, wie zum Beispiel der Fugger aus Augsburg. Manche Landesherren verkündeten den Bergleuten weitgehende Freiheiten („Bergfreiheit"), um den Bergbau zu fördern, die entsprechenden Städte nannten sich „Freie Bergstadt". Die genauen Regeln waren je nach Land unterschiedlich, im Prinzip durfte aber jeder in die Stadt kommen und schürfen, auch Holz und Wasser standen frei zur Verfügung, man musste nur dem Landesherrn seinen Teil abliefern. Schließlich entstanden sogar die ersten Knappschaften, Versicherungen, die invalide Bergleute versorgten.

Der Abbau von Erzgängen erfolgte häufig im sogenannten Strossenbau. Dabei baute man gleichzeitig mit dem Schachtbau vom senkrechten Schacht ausgehend auf allen Stockwerken des Gangs gleichzeitig in horizontale Richtung ab. Folglich war der Abbau in den oberen Bereichen weiter fortgeschritten, und der gesamte Abbaubereich hatte grob die Form eines nach unten zeigenden Dreiecks, dessen linker und rechter Schenkel gestuft waren. Auf jeder Ebene wurden Zwischendecken aus Holz eingebaut und manche Ebenen wieder mit Abraum verfüllt.

Am bedeutendsten war auch diesmal das Erzgebirge, wo im späten 15. Jahrhundert neue Silberfunde ein erneutes „Berggeschrey" auslösten. Diesmal entstanden dort Städte wie Annaberg, Marienberg und das böhmische Sankt Joachimsthal (heute Jáchymov). Auch die Silberbergwerke in anderen Revieren boomten. Allerdings war der Silberbergbau ein Jahrhundert später kaum noch rentabel: Während aufgrund der immer tieferen Schächte die Kosten stiegen, überflutete (wie wir in Abschn. 5.10 sehen werden) das billige Silber aus der Neuen Welt den Markt.

Auch die Hochöfen für die Stahlerzeugung waren leistungsfähiger, sie konnten täglich mehrere Tonnen Roheisen (Gusseisen) produzieren. Dieses wurde nun nicht nur im Frischeherd zu Stahl weiterverarbeitet, sondern auch direkt zu Kanonen, Kanonenkugeln und Ofenplatten gegossen.

Eine weitere bahnbrechende Neuerung war die systematische Beschreibung des Bergbaus und Hüttenwesens und das Aufkommen der Mineralogie als Wissenschaft. Neben dem „Vater der Mineralogie" Georgius Agricola, sind weitere Universalgelehrte zu nennen, etwa Ulrich Rülein von Calw.

5.5 Georgius Agricola

Typisch für seine Zeit war Georgius Agricola ein Universalgelehrter, der in allen möglichen wissenschaftlichen Disziplinen forschte. Der Sohn eines Tuchmachers, geboren am 24. März 1494 in Glauchau bei Zwickau, hieß eigentlich Georg Pawer (Bauer). Den in humanistischer Tradition latinisierten Namen nahm er auf Anraten seines Professors an, während er in Leipzig Theologie, Philosophie und alte Sprachen studierte. In der Zwickauer Ratsschule stieg Agricola nach dem Studienabschluss bis zum Rektor auf und schuf einen neuen Schultyp, in dem neben Latein, Griechisch und Hebräisch auch Ackerbau, Weinbau, Rechnen, Bau- und Messwesen, Arzneimittelkunde und Militärwesen unterrichtet wurde.

Wenige Jahre später begann er ein Zweitstudium in Medizin. Da er mit der Lehre in Leipzig nicht zufrieden war, wechselte er an die Universitäten von Bologna und Padua, die wegweisend in der praktischen Anatomie und Medizin waren. In Venedig arbeitete er zwei Jahre lang an der Ausgabe der Werke des Galenos von Pergamon.

Als Doktor der Medizin kehrte Agricola nach Sachsen zurück und heiratete die Witwe Anna Meyner aus Chemnitz. Er ließ sich als Stadtarzt in der Bergbaustadt Sankt Joachimsthal (heute Jáchymov) nieder, in der gerade der Silberbergbau boomte. Hier beschäftigte er sich eingehend mit Bergbau und Hüttenwesen. Seine Studien mündeten im 1530 erschienen Buch *Bermannus, sive de re metallica*, in dem er in Dialogform Prospektion, Bergbau und Verhüttung diskutiert. Im folgenden Jahr wurde er Stadtarzt in Chemnitz, wo er auch mehrfach das Bürgermeisteramt innehatte. Gleichzeitig forschte er in den Bereichen Medizin, Pharmazie, Alchemie, Philologie, Pädagogik, Politik, Geschichte, Meteorologie, Geologie, Mineralogie und Bergbau und war nebenbei noch sächsischer Hofhistograf. Bedeutend waren vor allem die geowissenschaftlichen Veröffentlichungen. Sein Buch *De natura fossilium* von 1546 war das erste mineralogische Handbuch und begründete die Mineralogie als Wissenschaft. Sein Hauptwerk, an dem er 20 Jahre arbeitete, sollte *De re metallica libri XII* (Zwölf Bücher vom Berg- und Hüttenwesen, Agricola 1556) werden: eine umfassende technologische Beschreibung des gesamten Bergbaus und Hüttenwesens seiner Zeit, die für zwei Jahrhunderte das wichtigste Werk zu diesem Thema blieb. Die Arbeiten an den Holzschnitten zogen sich so lange hin, dass er das Erscheinen seines Werkes nicht mehr erlebte. Das Buch erschien ein Jahr nach seinem Tod in lateinischer Sprache in Basel. Agricola starb am 21. November 1555. Er fand in der Schlosskirche von Zeitz seine letzte Ruhestätte, da sich die reformierte Stadt Chemnitz weigerte, einen Katholiken in der Stadtkirche zu begraben.

5.6 Alchemisten und Wünschelruten

Die Erforschung des inneren Aufbaus der Materie, von chemischen Reaktionen und der Wirkung von Kräutern und Substanzen auf den Körper war vom Mittelalter bis in die frühe Neuzeit von allerlei mystischen und okkulten Vorstellungen geprägt. Die Alchemisten waren zugleich Forscher und Zauberer, Pharmazeuten und Quacksalber, die mit Mörser und Stößel, mit Glaskolben und Retorten hantierten. Sie übernahmen meist die Vorstellung aus dem antiken Griechenland, dass alle Materialien aus vier Elementen bestehen: Feuer, Erde, Wasser, Luft. Viele trieb die Hoffnung an, aus billigen Materialien Gold herzustellen. Das ist zwar unmöglich, aber nebenbei kam es immer wieder zu Entdeckungen von chemischen Reaktionen und neuen Materialien, darunter Schwarzpulver, Porzellan, Schwefel- und Salpetersäure sowie diverse Farbstoffe. Manche Reaktionen konnten in der Metallurgie angewandt werden. Ein Beispiel ist das „Scheidewasser", die Salpetersäure, die alle Metalle löst außer Gold, Platin und Iridium. Damit war es möglich, Gold und Silber zu trennen, was allein schon deshalb interessant ist, weil gediegen Gold auch immer etwas Silber enthält. Auch erfolgreich nutzbare Verbindungen benötigten Rohstoffe und eröffneten neue Betätigungsfelder für den Bergbau. Am wichtigsten war die Alchemie aber als Grundlage für die spätere Entstehung der modernen Chemie und Pharmazie. Alchemisten entdeckten neben neuen chemischen Verbindungen auch neue chemische Elemente, noch bevor das Konzept der chemischen Elemente entwickelt wurde. Im 17. Jahrhundert begannen manche Alchemisten, sich von mystischen Vorstellungen zu lösen und sich allein auf Experimente zu stützen. Besonders viele neue Elemente wurden in schneller Folge im 18. Jahrhundert entdeckt, während die systematischen Arbeiten von Antoine Laurent de Lavoisier, Martin Heinrich Klaproth und anderen die moderne Chemie begründeten.

Esoterik war auch unter Bergleuten verbreitet, vielleicht machte die Finsternis in den engen Stollen sie besonders anfällig für Mythen, Hokuspokus und Aberglaube. Selbst Agricola beschloss sein *Buch von den Lebewesen unter Tage* mit einem Abschnitt über Geister und Kobolde. Zauberei und Esoterik hatten bei der Suche nach Lagerstätten ihren festen Platz, beispielsweise das Pendeln

Abb. 5.3 Wünschelrutengänger in einem Holzschnitt von Agricola (1556)

und die Wünschelrute. Die Wünschelrute (s. Abb. 5.3) war eine Y-förmige
Astgabel, die ein Rutengänger mit beiden Händen festhielt, während er kreuz
und quer durch die Berge streifte. Angeblich „schlug" sie „aus" beziehungsweise zeigte nach unten, sobald der Rutengänger über einem Gang stand.
Die Wünschelrute war sogar so lange in Gebrauch, dass sich die geologischen
Landesämter noch 1950 genötigt sahen, die Stellungnahme abzugeben, dass
sie zum Aufsuchen von Bodenschätzen aller Art, einschließlich Wasser, völlig
unbrauchbar ist. Tatsächlich sind alle Versuche, ihre Wirksamkeit nachzu-
weisen, zum Schluss gekommen, dass sie keine höhere Trefferquote hat als
der Zufall.

Schon Agricola hielt nicht viel von diesem Hokuspokus:

> Über die Wünschelrute bestehen unter den Bergleuten viele und große
> Meinungsverschiedenheiten, denn die einen sagen, sie sei ihnen beim Auf-
> finden der Gänge von größtem Nutzen gewesen, andere verneinen es. Der

einfache Bergmann glaubt deshalb an die Brauchbarkeit der Wünschelrute, weil die Rutengänger manchmal Gänge durch Zufall finden. Aber viel öfter wenden sie die Mühe vergeblich auf. Der wahre Bergmann benutzt, da wir wollen, dass er ein frommer und ernster Mann ist, den Zauberstab nicht, und da er ferner der Natur der Dinge kundig und verständig sein soll, sieht er ein, dass ihm die Wünschelrute nichts nutzen kann, sondern er beachtet die natürlichen Kennzeichen der Gänge,

schrieb er in seinem Buch *De Re Metallica Libri XII* von 1556.

5.7 Die Fugger – der erste Bergbaukonzern

Der aus Augsburg stammende Jakob Fugger „der Reiche" (1459–1525) baute in den letzten Jahrzehnten des 15. Jahrhunderts zusammen mit seinen Brüdern das Handelsunternehmen seiner Familie zum ersten großen Bergbaukonzern der Geschichte aus. Die Familie hatte schon länger selbstständigen Grubenbesitzern Geld geliehen und ließ sich im Gegenzug Anteilsscheine (Kuxe) ausstellen. Als der Tiroler Erzherzog Sigmund in Zahlungsschwierigkeiten geriet, vergab Fugger großzügige Kredite. Die Schulden des Erzherzogs nahmen schnell zu, schließlich ließ sich Fugger die Bergrechte als Garantie übertragen. Dabei ging es vor allem um das große Vorkommen von Fahlerzen in Schwaz, die bereits in der Bronzezeit der Kupfergewinnung dienten (s. Abschn. 3.6). Seit der Erfindung des Saigerverfahrens (s. Abschn. 5.8) war es hier möglich, auch das reichlich im Fahlerz enthaltende Silber zu gewinnen. Fugger investierte und forcierte den Abbau. Schwaz stieg schnell zur größten Bergbaustadt Europas auf und blieb für einige Jahrzehnte die wichtigste Silbermine der Welt und eine der wichtigsten Kupferminen Europas. Als der Erzherzog schließlich bankrott war, dankte er zugunsten des Habsburger Thronfolgers Maximilian I. ab, der sich verpflichtete, die Schulden zu bezahlen – mithilfe von Krediten von Fugger. Nachdem wenig später sein Vater verstarb, war Maximilian I. Herrscher über Österreich, Deutschland und Burgund. Etwa 10 Jahre vor seinem Tod wurde er zum Kaiser gekrönt, durch die von ihm arrangierten Hochzeiten kamen auch Spanien, Böhmen und Ungarn unter die Herrschaft der Habsburger. Wieder finanzierte Fugger den Herrscher mit Krediten, als Garantie bekam er Bergrechte in Ungarn. Besonders wichtig wurden hier die Kupferminen der in der heutigen Slowakei (damals Oberungarn) gelegenen Stadt Banská Bystrica (Neusohl). Fuggers Investitionen beendeten die dortige Krise, und der Bergbau wurde massiv ausgebaut, wobei auch diesmal die Silbergewinnung im Saigerverfahren hinzukam. Durch den forcierten Abbau machten Fuggers Bergwerke in Tirol und in der heutigen Slowakei Anfang des 16. Jahrhunderts rund 80 % der europäischen

Kupferproduktion aus, es handelte sich damit nahezu um ein Monopol. Das Metall wurde von Häfen an der Adria und von Ostseehäfen verschickt. Über Antwerpen und Lissabon gelangte es bis nach Indien. Sogar am Rand des Thüringer Waldes entstand eine Saigerhütte, um aus slowakischem Kupfer das Silber abzutrennen – dank des reichlich vorhandenen Holzes und mithilfe von Blei aus dem Harz. In Fuggerau in Kärnten entstand in der Nähe von Bleiminen ein großes Werk, das Metalle aus allen Minen des Wirtschaftsimperiums verarbeitete: mit einer Saigerhütte, Hammerwerken, Büchsenschmieden und Kanonengießereien. Schließlich stieg die Familie auch noch in den schlesischen Goldbergbau ein.

Nach dem Tod von Jakob Fugger führten seine Nachfolger das Unternehmen fort. Sie finanzierten auch die Bestechungsgelder, mit deren Hilfe sich der bereits in Spanien herrschende Habsburger Karl V. zum Kaiser krönen ließ, womit sich die finanzielle Abhängigkeit des Kaisers fortsetzte. Der neue Kaiser häufte enorme Schulden an, was später dazu führte, dass ein Teil der aus Südamerika kommenden Edelmetalle direkt an die Fugger weitergeleitet wurde. Mitte des 16. Jahrhunderts gaben sie die Bergwerke in der Slowakei auf, weil sie nicht mehr rentabel waren, aber mit der Pacht der spanischen Quecksilbermine Almadén hatten sie ein anderes lukratives Geschäft gefunden. Sie verschifften das flüssige Metall in großen Mengen nach Lateinamerika, wo die Spanier es für die Förderung von Edelmetallen in Mexiko, Kolumbien, Peru und Bolivien benötigten. In der Quecksilbermine herrschten äußerst gesundheitsschädliche Bedingungen, und es war nicht leicht, ausreichend Arbeiter zu finden. Auf das Quecksilber angewiesen half der spanische König nach, indem er Gefangene als Zwangsarbeiter lieferte.

5.8 Saigerhütten und Vitriole

Während die Silbergewinnung aus silberhaltigem Bleierz mit dem Kupellationsverfahren (s. Abschn. 4.7) schon sehr früh gelang, war dies bei silberhaltigen Kupfererzen deutlich schwieriger. In den Revieren im Erzgebirge, in Sankt Andreasberg im Harz, in Schwaz in Tirol und auch in vielen anderen Regionen kommen silberreiche Fahlerze vor. Im Kupferschiefer, einer geringmächtigen Schicht eines schwarzen, sulfidreichen Tonsteins, die insbesondere in Hessen, am Ostrand des Harzes und in Polen zutage tritt, sind silberhaltige Kupfersulfide enthalten. Lange Zeit war die Silbergewinnung aus diesen Mineralen nicht möglich, da beim Verhütten einfach silberhaltiges Kupfer entsteht. Die Trennung der beiden Metalle war erst ab Mitte des 15. Jahrhunderts im sogenannten Saigerverfahren möglich. Das machte die Förderung in entsprechenden Revieren wesentlich lukrativer.

Nun ging man zunächst wie gewohnt vor, das Erz wurde geröstet und im Schachtofen zu einer silberhaltigen Kupferlegierung verhüttet. Deren Silbergehalt konnte gegebenenfalls im sogenannten Spleißofen erhöht werden, indem ein Teil des Kupfers wieder oxidierte – ganz ähnlich wie im Kupellationsverfahren. Das silberhaltige Kupfer wurde dann zusammen mit Blei in einem Schachtofen zu einer Legierung verschmolzen und zu Scheiben abgegossen. Dazu war einiges an Erfahrung notwendig, da Blei bei deutlich niedrigeren Temperaturen schmilzt als Kupfer.

Der zentrale Teil des Saigerofens war ein schräges Ofenrohr, das von außen erhitzt wurde. In diesem wurden die Metallplatten über den Schmelzpunkt von Blei erhitzt, dabei tropfte ("saigerte") silberhaltige Bleischmelze aus den Platten und sammelte sich im Vorofen.

Dieses Werkblei wurde anschließend in einem Treibofen weiterverarbeitet. Die zurückbleibenden Kupferplatten enthielten noch immer einiges Blei. Sie wurden im sogenannten Darrofen bis knapp unterhalb des Schmelzpunktes der Legierung erhitzt, wobei das Blei weitgehend verdampfte. Schließlich wurde das unreine Kupfer im sogenannten Garofen unter Sauerstoffzufuhr geschmolzen, wobei das Blei bis auf einen kleinen Rest in die Schlacke ging. Das Saigerverfahren war arbeitsintensiv, hatte einen sehr hohen Verbrauch an Brennmaterial und stellte zugleich eine große Belastung für Umwelt und Gesundheit dar. Die Saigerhütten baute man oft in größerer Entfernung zu den Bergwerken an Wasserläufen in Gebieten mit großen Wäldern. Ein wesentlich effektiveres Verfahren kam erst im späten 19. Jahrhundert mit der Elektrolyse auf.

Eine andere Entwicklung war die zunehmende Verwendung von grünem Vitriol (kupferhaltiges Eisensulfat) und Schwefelsäure in Gerbereien und anderen Betrieben. Sogenannte Vitriole konnten in manchen Sulfidlagerstätten gesammelt werden. Durch das Feuersetzen im Bergwerk sammelte sich Staub aus Sulfiderzen, Asche und Ruß an, durch den später warmes Wasser sickerte. Dabei kam es zu einer Oxidation der Sulfide, und es bildete sich eine schwefelsaure Lösung, aus der schließlich an den Stollenwänden bunte Krusten ausfällten. Diese bestanden aus Eisensulfat, Kupfersulfat, Zinksulfat, Eisen- und Manganhydroxiden und anderen Mineralen. Dieses Material wurde in Vitriolhütten verarbeitet, die ab dem 16. Jahrhundert an entsprechenden Bergwerken gebaut wurden. Man löste die Krusten in Wasser auf, klärte die Lösung und dampfte sie wieder ein, um grünes Vitriol zu erhalten. Für die Herstellung von Schwefelsäure (H_2SO_4) erhitzte man die Sulfate in einer Retorte auf höhere Temperatur. Dabei raucht gasförmiges SO_3 aus der Retorte, das sich wiederum mit Wasser zu Schwefelsäure verbindet. In der Retorte bleiben Metalloxide zurück. Eine ganz neue Bedeutung bekam Schwefelsäure, nachdem Rudolph Glauber im 17. Jahrhundert systematisch die Einsatzmöglichkeiten untersuchte. Tropft man Schwefelsäure auf Kochsalz (NaCl), enthält man Salzsäure (HCl) und Glaubersalz (Natriumsulfat). Tropft man es auf Natriumnitrat („Chilesalpeter"), entsteht Salpetersäure. Die verschiedenen Säuren können wiederum als Grundlage dienen, um diverse andere Chemikalien herzustellen.

5.9 Holzverbrauch und Entwaldung

Der Bergbau und die Verhüttung der Erze verbrauchten immense Mengen an Holz: zum Feuersetzen beim Abbau, zum Abstützen der Grube, beim Ausbau von Förderanlagen und vor allem zur Herstellung von Holzkohle für die Verhüttung. Das führte in florierenden Bergbauperioden immer wieder zu einem massiven Raubbau an den Wäldern bis hin zum völligen Kahlschlag ganzer Regionen. Manchmal musste sogar der Betrieb einer Grube eingestellt werden, weil der Holzbedarf nicht mehr gedeckt werden konnte, was im 18. Jahrhundert zu den ersten Überlegungen zu nachhaltiger Forstwirtschaft anregte. Damals begann eine Wiederaufforstung mit schnell wachsenden Fichtenmonokulturen.

Allein die Schmelzhütten im Raum Freiberg verbrauchten im 16. Jahrhundert jährlich etwa 60.000 m³ Holz, was einem Einschlag von 200 ha Wald entsprach. In der Hochkonjunktur des Oberharzer Silberbergbaus im 18. Jahrhundert wurden jährlich bis zu 350.000 m³ Holz durch Bergbau und Verhüttung verbraucht. Besonders intensiv war hier die Silbergewinnung im Saigerverfahren: Für die Herstellung eines einzigen Silbertalers (16,7 g) benötigte man in Clausthal 26 kg Holzkohle (Liessmann 2010). Für das norwegische Kupferrevier Røros wurde berechnet, dass der Bedarf an Holz für die Verhüttung das geförderte Erzvolumen um ein Fünfzehnfaches übertraf, wobei das Holz für Feuersetzen, Stützstempel und Hausbau noch hinzukommt (Jordet o. D.).

Entsprechend viele Arbeiter wurden als Baumfäller, Köhler und im Transport benötigt. In der Regel betrieben selbstständige Köhler und deren Gehilfen die Kohlenmeiler dezentral in den Wäldern. Sie umhüllten kuppelförmig aufgestapelte Holzscheite mit einer nahezu luftdichten Abdeckung aus Erde und entzündeten einen mit trockenem Reisig gefüllten Schacht im Zentrum. Das Holz verschwelte dann langsam zu Holzkohle – bei großen Meilern dauerte das zwei Wochen. Die Holzkohle, die nur ein Neuntel des verbrauchten Holzes wiegt, wurde in Karren zu den Hütten gebracht. Die Meiler hatten im Mittelalter noch einen Durchmesser von etwa 4 m, im 16. Jahrhundert waren sie bereits doppelt so groß.

5.10 Eldorado: Metalle aus der Neuen Welt

In Nordamerika wurden bereits etwa 4000 v. Chr. Gegenstände aus gediegen Kupfer hergestellt (Ehrhardt 2009; Pompeani et al. 2015), darunter Äxte, Schmuck, Kunst und zeremonielle Objekte. Das Metall stammte aus einem ungewöhnlichen Vorkommen in Michigan am Oberen See, wo gediegen Kupfer in gewaltigen Mengen auftritt. Einzelne Klumpen erreichen ein Gewicht von Hunderten Tonnen. Die Bewohner der Umgebung brachten die Klumpen durch kaltes Hämmern und heißes Verheilen in Form. Mit der Zeit verbreitete sich das Metall im gesamten Osten der heutigen USA.

Auch in den Anden begann die Geschichte der Metallurgie mit der Bearbeitung von gediegenen Metallen. Im Gegensatz zur Entwicklung in Nordamerika und Eurasien spielte Gold neben Kupfer in Südamerika schon von Anfang an eine wichtige Rolle. Der Gold- und Silberreichtum Südamerikas ist legendär und erregte die Gier der Kolonialherren so sehr, dass sie Ruinen plünderten und unzählige präkolumbische Artefakte einschmolzen, die damit für immer verloren sind. Bei den meisten der erhaltenen Artefakte ist der ursprüngliche Kontext nicht mehr bekannt. Dadurch wurden viele Spuren zerstört, sodass wir nur wenig über die Technologien der alten Kulturen Südamerikas wissen (Cooke et al. 2008).

Goldnuggets und gediegen Kupfer wurden in Peru spätestens seit dem 2. Jahrtausend v. Chr. verarbeitet. In der Nähe des Titicacasees fanden Archäologen eine Halskette aus dem frühen 2. Jahrtausend v. Chr., die aus zu Perlen geformter Goldfolie besteht (Aldenderfer et al. 2008). Kupfer- und Goldfolie aus der zweiten Hälfte des 2. Jahrtausends v. Chr. fand man an der Pyramide in Mina Perdida (Burger und Gordon 1998), einer Ausgrabungsstätte am Stadtrand von Lima. Es handelt sich auch dabei um gediegenes Metall, das kalt gehämmert wurde. Diese Art der Bearbeitung führten auch spätere Kulturen fort. Oft setzten sie kompliziertere Gebilde aus Folien zusammen; viele Figuren sind hohl. Insbesondere die Chavín-Kultur in Nordperu (900– 200 v. Chr.) ist für große Mengen an frühen Goldobjekten bekannt.

Die ältesten Anzeichen für eine Verhüttung von Kupfererzen sind Schlacken auf dem Altiplano in Bolivien, deren Datierung in die Zeit zwischen 900 und 700 v. Chr. fällt. Im kupferreichen Norden von Chile begann die Verhüttung im 1. Jahrhundert v. Chr., also in einer Zeit, in der es hier noch keine großen Imperien gab. Von größerer Bedeutung wurde die Verhüttung erst bei späteren Kulturen, die größere Mengen an Kupferlegierungen produzierten. Im Nordwesten von Argentinien waren Armreifen, Aalen, Nadeln, Äxte, Meißel und Keile aus Arsenbronze ab etwa 400 n. Chr. in Gebrauch. Etwa 600 n. Chr. verbreitete sich die Arsenbronze mit der Wari-Kultur in Peru (Cooke et al. 2008). Diese Kultur beherrschte auch schon die Verhüttung von Silbererz (Cooke et al. 2009), wie wir aus der Schwermetallbelastung von Seesedimenten wissen. In Bolivien begann zu dieser Zeit die Hauptphase der Tihuanaco-Kultur, die statt Arsenbronze eine ternäre Legierung aus Kupfer, Arsen und Nickel bevorzugte und für Schmuck bereits Zinnbronze herstellte. Um 800 n. Chr. entwickelte sich Batán Grande in der Küstenregion von Nordperu zu einer wichtigen Produktionsstätte von Arsenbronze. Dort gibt es lokale Kupfervorkommen, während das Arsen aus den Bergen Nordperus stammen musste.

In der Mitte des 15. Jahrhunderts expandierte das Reich der Inka, die innerhalb weniger Jahrzehnte das Gebiet von Ecuador bis Nordchile und Nordargentinien eroberten. Damit wurde Zinnbronze zum dominierenden Metall im Andenraum: Die Inka transportierten Zinn aus Bolivien in Form von Blech in alle Teile des Reichs, um es in der lokalen Bronzeherstellung zu verwenden. Sie produzierten auch bedeutende Mengen an Gold und Silber, die nicht nur ein Statussymbol waren, sondern auch religiöse Bedeutung hatten. Den Edelmetallen wurden spirituelle Kräfte zugesprochen, wobei Gold als „Regen der Sonne" und Silber als „Regen des Mondes" galt. Der Legende nach fand der Inkakönig Huayna Cápac die Silbervorkommen von Potosí. Aus der Schwermetallkontamination von Seesedimenten wissen wir jedoch, dass dort die Silberverhüttung schon 400 Jahre früher begann, nämlich durch die späte Tihuanaco-Kultur etwa 1000 n. Chr. (Abott und Wolfe 2003).

Als die Spanier nach Potosí kamen, beschrieben sie die Technologie der Inka (Cooke et al. 2008). Der Blasebalg war im präkolumbischen Südamerika unbekannt, stattdessen war man auf Blasrohre oder auf Wind als Sauerstoffzufuhr angewiesen und baute die Öfen daher meistens auf Berggipfeln. Die einfachsten Öfen waren schlichte, in den Boden gegrabene Löcher. Häufig wurde ein Huayara genannter Ofen aus Ton benutzt, der wie ein hoher zylinderförmiger Taubenschlag aussah und dessen viele Löcher für die Sauerstoffzufuhr sorgten. Ein weiterer Ofentyp, Tocochimpu genannt, war ein kleiner Ofen in Form eines Schildkrötenpanzers, der zum Veredeln des Silbers durch Kupellation mit Blei (s. Abschn. 4.7) benutzt wurde. Die einfachen Öfen der Inka waren besser für die Verhüttung der speziellen Silbererze aus Potosí geeignet als die Steinöfen der Spanier. Nach missglückten Versuchen, bei denen die Spanier wegen zu hoher Temperaturen eine geringere Ausbeute an Silber erhielten, überließen sie die Verhüttung den einheimischen Handwerkern und ihren traditionellen Öfen.

Fast alle Gold- und Silberobjekte der präkolumbischen Kulturen, wie wir sie beispielsweise in den Museen in Lima und Bogotá bewundern können, sind in Wirklichkeit kein reines Gold oder Silber, sondern Kupferlegierungen mit relativ geringen Gehalten an Edelmetallen. Entsprechend überrascht waren die spanischen Kolonisten, als sie damit begannen, die scheinbar goldenen

Objekte einzuschmelzen. Besonders häufig war eine Legierung aus Kupfer und Gold, Tumbaga genannt. Auch Kupfer-Silber-Legierungen und solche mit allen drei Metallen waren verbreitet. Scheinbare Silbernadeln aus Machu Picchu bestehen beispielsweise überwiegend aus Kupfer und enthalten nur 25–30 % Silber (Gordon und Knopf 2007). Die geringen Gehalte an Spurenelementen sprechen dafür, dass Kupfer- und Silbererze nicht zusammen verhüttet, sondern fertiges Kupfer und Silber in gewünschten Proportionen zusammengeschmolzen wurden. Manche Objekte enthalten auch etwas Arsen und Zinn, vermutlich wurde in diesen Fällen Bronzeschrott mitverwendet.

Zwei unterschiedliche Prozesse nutzten die präkolumbischen Kulturen, um die Objekte anschließend zu vergolden oder zu versilbern. Bei der Abreicherungsmethode tauchten sie das Objekt in eine schwache organische Säure, die das Kupfer anlöste und daher zu einer Anreicherung des Edelmetalls an der Oberfläche führte. Im elektrochemischen Verfahren lösten sie Gold oder Silber in einer geeigneten Chemikalie und tauchten das aus einer Kupferlegierung bestehende Objekt in diese Lösung, wobei sich ein dünner Film aus Gold, Silber oder Elektrum abschied. Vermutlich entwickelte die Moche-Kultur (100–800 v. Chr.) in Nordperu diese Verfahren, die zunächst ein regionales Phänomen blieben. Die Inka griffen die Technik auf, sie siedelten die Goldschmiede aus Nordperu nach Cusco um, von wo sich die Technik im ganzen Imperium ausbreitete.

Die Legierung der Edelmetalle mit Kupfer macht das Metall robuster und weniger spröde, es war daher leichter zu bearbeiten. Die Schmiede legten offensichtlich wenig Wert auf die Härte, wichtiger waren die plastische Verformbarkeit und die Farbe, die sie durch Vergolden und Versilbern erzeugen konnten. Das Gießen von Metallen im Wachsausschmelzverfahren war in Kolumbien und Zentralamerika hoch entwickelt. Im Andenraum goss man in einfachere Formen und brachte das Ergebnis durch Hämmern in die gewünschte Gestalt (Lechtman 2003).

Der Gold- und Silberreichtum des 1492 von Kolumbus „entdeckten" neuen Kontinents ließ die Kolonisatoren von einem mystischen Goldland namens El Dorado träumen. Auch wenn sie dieses nicht fanden, fielen ihnen in den ersten Jahrzehnten des 16. Jahrhunderts große Mengen von Kunstschätzen aus Edelmetall durch Raub und Gewalt in die Hände, während sie die Bevölkerung der Inka, Maya und Azteken auf einen Bruchteil dezimierten. „Die einzige und wahre Grundursache, warum die Christen eine so ungeheure Menge schuldloser Menschen ermordeten und zugrunde richteten, war bloß diese, dass sie ihr Gold in ihre Gewalt zu bekommen suchten", schrieb Bartolomé de Las Casas 1552. Nach den blutigen Eroberungen versuchte die spanische Krone, durch die Gründung der Vizekönigreiche Neuspanien und Peru ihre eigenen Interessen gegenüber den selbstherrlichen Eroberern durchzusetzen: Die Bevölkerung sollte nicht ermordet, sondern zum katholischen Glauben bekehrt und in feudalen Verhältnissen ausgebeutet werden.

Eine zentrale Rolle erhielten nun die legendären Silberminen im Cerro Rico von Potosí. Die Spanier entdeckten den silberreichen Berg 1545, fünf Jahre später hatte Potosí bereits so viele Einwohner wie die größten Städte Europas, und das auf einer Höhe von 4100 m. Zeitweise wurde täglich etwa eine Tonne Silber aus dem Berg gefördert, der etwa 70 % der Weltproduktion lieferte. Das Erz hatte einen hohen Anteil an gediegen Silber.

Eine kurze Krise gab es, als nach knapp 20 Jahren das hochwertige Erz erschöpft war. Die Lösung war das kurz zuvor in Mexiko entwickelte Patioverfahren, bei dem Quecksilber ähnlich wie bei der Goldgewinnung verwendet wird. Es reicht aber nicht aus, das Erz mit Quecksilber zu vermischen, da es sich nicht um gediegen Silber, sondern um Silbersulfide handelt. Man breitete das fein gemahlene Erz auf einem Hof aus, fügte Quecksilber, Salzwasser und Kupfersulfat hinzu und vermischte das Ganze mit Rechen oder mit den Hufen der hindurchgeführten Pferde. Die Reaktionszeit betrug einige Tage oder Wochen, dann konnte man das Amalgam entfernen und rösten, wobei das Quecksilber verdampfte und Silber zurückblieb (Lacerda und Salomons 1998). Eine Weiterentwicklung war das Erhitzen der Mischung in einer Pfanne, was die Reaktionszeit auf 10–20 h verringerte.

Als in Potosí die Silbergewinnung mit diesem neuen Verfahren begann, musste das Quecksilber noch aus Almadén in Spanien importiert werden, der damals wichtigsten Quecksilbermine. Erst die Entdeckung der reichen Quecksilbervorkommen in Huancavelica (Peru) gab Potosí neuen Auftrieb. Gewaltige Mengen Quecksilber wurden verbraucht, etwa 32.000 t gelangten in Potosí in die Atmosphäre und in die Flüsse. Die Stadtbevölkerung war hohen Konzentrationen ausgesetzt, die häufig zu Vergiftungen geführt haben (Hagan et al. 2011).

Der Silberabbau erfolgte durch systematische Zwangsarbeit, der allein in Potosí etwa 8 Mio. Menschen zu Opfer fielen (Galeano 1980): Die Spanier verpflichteten die Einwohner des Andenhochlandes, zusammen mit weiteren Tributzahlungen jährlich ein Siebtel der Bevölkerung als Arbeiter zur Verfügung zu stellen. Die Arbeit war zwar auf ein Jahr begrenzt, aber wer dieses überlebt hatte, musste sieben Jahre später erneut in die Grube.

Die wichtigsten Güter, darunter natürlich auch Bodenschätze, unterlagen dem Monopol der Krone und durften bis 1746 nur von wenigen Häfen aus nach Europa verschifft werden, und zwar von Callao bei Lima in Peru, Cartagena in Kolumbien, Veracruz in Mexiko, Portobelo in Panama und Havanna auf Kuba. Folglich wurde das Silber von Potosí mit Eselkarawanen nach Arica zum Pazifik gebracht. Von dort ging es nach Callao bei Lima, weiter nach Panama und über Land über den Isthmus von Panama zur Karibik. Von dort folgte der Transport im jährlichen Flottenkonvoi nach Sevilla in Spanien – Piraten nahmen den Spaniern einen Teil schon in der Karibik ab. Nach der Aufhebung des Hafenmonopols 1746 gab es einen weiteren Transportweg über Argentinien. Dieser verlief über Salta und Córdoba nach Buenos Aires. Auf diese Route gehen die Namen von Argentinien (von lateinisch *argentum*) und des Flusses Rio de la Plata (Silberfluss) zurück.

In wenig mehr als 150 Jahren gelangten 185 t Gold und 16.000 t Silber aus Lateinamerika nach Sevilla, die Silbermenge übertraf die bisherigen Reserven Europas um das Dreifache (Galeano 1980). Einige europäische Länder ließen ihr Geld gleich in der Münze von Potosí prägen, das Silber aus den spanischen Kolonien wurde zum Geld der Welt. Insbesondere Kaufleute der merkantilistischen Länder Europas profitierten von der Nachfrage nach Manufakturprodukten im ohnehin hoch verschuldeten Spanien, das im Zuge der Gegenreformation immer mehr in ein rein landwirtschaftlich geprägtes Feudalsystem zurückfiel. So trieb die Ausbeutung in den Minen der Neuen Welt indirekt die frühkapitalistische Entwicklung erst in Flandern und in den Niederlanden, später auch in Frankreich und in England an (Stapelfeldt 2006). Eine Folge der nach Europa strömenden Silbermengen war die als „Preisrevolution" wahrgenommene erste Inflation der Geschichte: Im Laufe des 16. Jahrhunderts stiegen die Preise von Waren um das Drei- bis Vierfache. Der entsprechende Wertverfall des Silbers machte viele europäische Silberminen unrentabel.

In der zweiten Hälfte des 17. Jahrhunderts nahm die Silberproduktion in Potosí ab. Um 1700 übernahmen die Silberminen von Guanajuato und Zacatecas in Mexiko und das Gold von Ouro Preto in Minas Gerais (Brasilien) die Rolle, die Potosí für die Weltwirtschaft gespielt hatte.

In Ecuador hatten die vorkolumbischen Kulturen auch Platin verwendet. Die Spanier fanden bei der Goldgewinnung immer wieder auch Platin-nuggets, die sie aber als wertlos ansahen und einfach wegwarfen. Das Metall war schwer zu verarbeiten, was nicht nur am sehr hohen Schmelzpunkt liegt, sondern auch daran, dass gediegen Platin eine kaum schmiedbare Legierung mit anderen Edelmetallen ist. Erst Ende des 18. Jahrhunderts gelang es in Spanien, die Verunreinigungen zu beseitigen und schmiedbares Platin zu erzeugen.

5.11 Krieg und Krise

Der europäische Bergbau stürzte in der zweiten Hälfte des 16. Jahrhunderts in eine lang anhaltende Krise. Das lag nicht nur am Silber, das in großen Mengen aus Amerika kam und die heimischen Silberminen unrentabel machte, sondern auch an den Kriegen in der Folge der Reformation. Dabei ging es nicht nur um Glaubensfragen, sondern vor allem um Macht. In Frankreich tobte mit den Hugenottenkriegen ein Bürgerkrieg, in den Niederlanden der lange Aufstand der Protestanten gegen Spanien. In Deutschland kämpfen im Schmalkaldischen Krieg mehrere protestantische Landesfürsten gegen den habsburgischen Kaiser. Die Söldnerheere zogen plündernd und brandschatzend durch das Land und belagerten die Städte, verwüsteten große Gebiete und lösten einen allgemeinen wirtschaftlichen Niedergang aus. Noch verheerender war ein halbes Jahrhundert später der Dreißigjährige Krieg (1618–1648). Er begann in Prag mit einem Aufstand protestantischer Adeliger gegen die Habsburger, aber die in ganz Europa schwelenden Konflikte zwischen den Konfessionen und das Expansionsstreben der Großmächte führten dazu, dass sich der Krieg auf ganz Europa ausweitete. Die katholischen Großmächte Habsburg (mit Österreich und Spanien) und Frankreich standen in Konkurrenz zueinander, die protestantischen Fürsten kämpften gegen Habsburg, unterstützt von Schweden, das zugleich ein eigenes Großreich aufbauen wollte. Eine Reihe weitere Akteure verfolgte ebenfalls eigene Interessen. Bis an den Rand des Ruins bauten die Herrscher große Söldnerheere auf, die durch Europa zogen und sich zu einem guten Teil durch Plünderungen versorgten und ganze Regionen verwüsteten. Krankheiten taten ihr Übriges, die Zivilbevölkerung wurde stark dezimiert und die Wirtschaft brach in vielen Gebieten völlig zusammen. Auch Bergwerke und Hüttenwerke wurden zerstört, und so kam es trotz des Metallbedarfs für die Herstellung von Musketen, Harnischen und Hiebwaffen in vielen Bergbauregionen zu einem völligen Stillstand des Abbaus. Freilich war nicht ganz Europa verwüstet, so erfuhr der Bergbau in England zu dieser Zeit eine Blütezeit.

Literatur

Abott, M. B., und A. P. Wolfe. 2003. Intensive pre-Incan metallurgy recorded by lake sediments from the Bolivian Andes. *Science* 301:1893–1895.

Agricola, G. 1556. De Re Metallica Libri XII.

Aldenderfer, M., N. M. Craig, R. J. Speakman, und R. Popelka-Filcoff. 2008. Four-thousand-year-old gold artifacts from the Lake Titicacasee basin, southern Peru. *Proceedings of the National Academy of Sciences of the United States of America* 105:5002–5002.

Burger, R. L., und R. B. Gordon. 1998. Early central Andean metalworking from Mina Perdida, Peru. *Science* 6:1108–1111.

Cooke, C. A., M. B. Abbott, und A. P. Wolfe. 2008. Metallurgy in southern South America. In *Encyclopaedia of the history of science, technology, and medicine in non-western cultures*, Hrsg. H. Seline, 1658–1662. Bd. 2. Berlin: Springer.

Cooke, C. A., A. P. Wolfe, und W. O. Hobbs. 2009. Lake-sediment geochemistry reveals 1400 years of extractive metallurgy at Cerro de Pasco, Peruvian Andes. *Geology* 37:1019–1022.

Ehrhardt, K. L. 2009. Copper working technologies, contexts of use and social complexity in the Eastern Woodlands of Native North America. *Journal of World Prehistory*, 22:213–235.

Feuerbach, A. 2006. Crucible damascus steel: a fascination for almost 2000 years. *Journal of the Minerals, Metals, and Materials Society*, 58:48–50.

Galeano, E. 1980. Die offenen Adern Lateinamerikas. Die Geschichte eines Kontinents von der Entdeckung bis zur Gegenwart. Erweiterte Neuauflage. Wuppertal: Peter Hammer.

Gordon, R., und R. Knopf. 2007. Late horizon silver, copper, and tin from Machu Picchu, Peru. *Journal of Archaeological Science* 34:38–47.

Hagan, N., N. Robins, H. S. Hsu-Kim, S. Halabi, M. Morris, G. Woodall, T. Zhang, A. Bacon, D. B. Richter, und J. Vandenberg. 2011. Estimating historical atmospheric mercury concentrations from silver mining and their legacies in present-day surface soil in Potosí, Bolivia. *Atmospheric Environment* 45:7619–7626.

Jordet, K. o. D. Forest – the greatest challange. http://www.worldheritageroros.no/resources_eng/1536.

Lacerda, L. D., und W. Salomons. 1998. *Mercury from gold and silver mining: A chemical timebomb?* Berlin: Springer.

Lechtman, H. 2003. Ethnocategories and Andean metallurgy. In *Los Andes: cincuenta años después (1953–2003)*, Hrsg. A. M. Lorandi, C. Salazar-Soler und N. Wachtel, 115–128. Lima: Fondo Editorial PUCP.

Liessmann, W. 2010. *Historischer Bergbau im Harz*. 3. Aufl. Berlin: Springer.

Pompeani, D. P., M. B. Abbott, D. J. Bain, S. DePasqual, und M. S. Finkenbinder. 2015. Copper mining on Isle Royale 6500–5400 years ago identified using sediment geochemistry from McCargoe Cove, Lake Superior. *The Holocene* 25:253–262.

Reibold, M., P. Paufler, A. A. Levin, W. Kochmann, N. Pätzke, und D. C. Meyer. 2006. Carbon nanotubes in an ancient Damascus sabre. *Nature* 444:286.

Sanderson, K. 2006. Shapest cut from nanotube sword. *Nature Online*, doi:10.1038/news061113-11.

Stapelfeldt, G. 2006. Der Merkantilismus. Die Genese der Weltgesellschaft vom 16. bis zum 17. Jahrhundert. Freiburg: Ça ira.

Verhoeven, J. D., A. H. Pendray, und E. D. Gibson. 1996. Wootz damascus steel blades. *Materials Characterization* 37:9–22.

Verhoeven, J. D., A. H. Pendray, und W. E. Dauksch. 1999. The key role of impurities in ancient damascus steel blades. *Journal of the Minerals Metals and Materials Society* 50:58–64.

Wagenbreth, O. 1999. Vom Rennfeuer zum Hochofen. *Mitteilungen der Arbeitsgemeinschaft für Archäologie des Mittelalters und der Neuzeit* 4.

6
Industrielle Revolution und Hightech

Von der langen Krise, die im 16. Jahrhundert begonnen hatte, erholte sich der Bergbau erst in der zweiten Hälfte des 17. Jahrhunderts. Ab Mitte des 18. Jahrhunderts führten die neu erfundenen und stetig verbesserten Maschinen zu einer revolutionären Umwälzung der Produktion, während die rapide gesteigerte Produktivkraft wiederum die Struktur der Gesellschaften veränderte. Der Verbrauch an Metallen stieg dabei immer schneller an und übertraf im 19. Jahrhundert erstmals die in der römischen Antike produzierte Menge. Neue Verfahren und Maschinen veränderten auch den Bergbau und die Verhüttung. Mit Lokomotiven, automatischen Webstühlen, Telegrafenkabeln und elektrischem Licht kamen zudem ganz neue Einsatzgebiete für Metalle auf. Im 20. Jahrhundert trieb zunächst vor allem die Rüstungsindustrie metallurgische Innovationen voran, so ermöglichten rostfreier Stahl, Titan und Superlegierungen ganz neue Waffensysteme. Durch die rapide Entwicklung der Mikroelektronik insbesondere seit den 1980er-Jahren folgten auch in diesem Bereich unzählige neue Anwendungen von Metallen in immer neuen elektronischen Bauteilen. Mit der modernen Technologie sind plötzlich Metalle gefragt, deren Namen zuvor kaum jemand kannte. Jedes einzelne hat ganz spezielle Eigenschaften, die es unter Umständen für eine bestimmte Spezialanwendung am besten geeignet machen. Sie werden meist nur in geringer Menge benötigt, was ihnen den Spitznamen „Gewürzmetalle" eingebracht hat, aber sie haben viele Geräte, die für uns bereits alltäglich sind, erst möglich gemacht. Inzwischen hat man das gesamte Periodensystem der Elemente nach Anwendungsmöglichkeiten regelrecht abgeklopft.

6.1 Frühkapitalismus und Manufakturen

Im 17. und 18. Jahrhundert herrschten in den meisten europäischen Ländern absolutistische Potentaten, die ihre Macht auf alle Gesellschaftsbereiche ausdehnten. Einige verfolgten eine sogenannte merkantilistische Wirtschaftspolitik: Diese umfasste den Aufbau einer auf Export ausgerichteten Produktion in staatlichen oder staatlich geförderten Manufakturen, die Förderung der heimischen Produktion durch Schutzzölle, Wirtschaftsspionage und das Anwerben von ausländischen Handwerkern. Das Ziel war eine möglichst unausgeglichene Handelsbilanz mit hohem Exportüberschuss und damit der Rückfluss von Edelmetallen.

In den Manufakturen ermöglichten die enge Kooperation der Handwerker und eine straffe Hierarchie eine deutliche Steigerung der Produktivität, obwohl sich die Technik kaum verbessert hatte und die Herstellung noch immer auf Handarbeit beruhte. Luxusartikel machten einen großen Teil der Produkte aus: Porzellan und Glas, hochwertige Textilien aus Wolle, Baumwolle und Seide, Spitzen und Gobelins. Aber auch die Herstellung von Kanonen, Musketen und Schießpulver, Tabakwaren und Zucker fand in Manufakturen und großen Arsenalen statt.

Zu Beginn dieser Entwicklung gab es noch einen Mangel an Arbeitskräften, häufig wurden verurteilte Verbrecher und mittellose Vagabunden zur Arbeit in den Manufakturen gezwungen. In Großbritannien vertrieben Grundbesitzer die Bauern von ihrem Land, um stattdessen Schafe zu züchten und Wolle an die Manufakturen zu liefern. Um ihre Subsistenz gebracht, strömten die ehemaligen Bauern in die schnell wachsenden Städte. Hier begann sich eine Arbeiterklasse zu formen, die auf den Verkauf ihrer Arbeitskraft angewiesen war.

Mit dieser frühen Form der Massenproduktion stieg auch der Bedarf an Rohstoffen. Der Bergbau wurde oft unter unmittelbarer Kontrolle des Staates und ähnlich wie die Manufakturen betrieben: noch immer durch Handarbeit, aber durch Kooperation vieler Arbeiter und eine straffe Hierarchie. Das ermöglichte den Abbau in einem wesentlich größeren Stil als früher. Der hohe Bedarf an Holz und Holzkohle wurde dabei zunehmend zu einem Problem. Mitte des 17. Jahrhunderts begann das Sprengen mit Schießpulver, was die Arbeit beschleunigte, aber nicht leichter machte: Vor der Sprengung mussten in Handarbeit mit einem Bohrmeißel und einem Hammer Bohrlöcher in den Fels geschlagen werden. Im Harz schafften es zwei Bergleute, in einer achtstündigen Schicht zwei Sprenglöcher zu bohren (Liessmann 2010). Das mit Schießpulver gefüllte Loch wurde verdämmt – anfangs mit einem Holzpflock, später mit Ton. Mit einer Nadel bohrte man ein Loch in den Ton und legte ein mit Schießpulver gefülltes Röhrchen hinein. In dieses brachte man die Zündschnur an, einen in Schwefel getränkten Baumwollfaden. Das Ausräumen nach der Sprengung und der Transport des Erzes aus dem Stollen war reine Handarbeit. Da Schießpulver teuer war, verwendete man weiterhin auch Schlägel und Eisen.

Die immer tieferen Schächte machten auch das Abpumpen von Grubenwasser immer aufwendiger. Ein beeindruckendes Zeugnis ist das Oberharzer Wasserregal, das in dieser Zeit massiv ausgebaut wurde. Es handelt sich um ein System aus kleinen Stauseen, Kanälen und Stollen, die Wasser zu den Wasserrädern der Pumpen brachten, die zum Teil sogar unterirdisch lagen.

Auch die Hüttenwerke waren nun große Betriebe mit einer straff organisierten Kooperation. Das Rösten der Erze fand oft weiterhin unter freiem Himmel auf großen Scheiterhaufen statt, die wochenlang brannten. Die Öfen waren vielleicht etwas größer, hatten sich aber sonst kaum verändert. Die Verarbeitung von polymetallischen Erzen erfolgte nun mit einer Vielzahl von gut aufeinander abgestimmten Öfen.

Während andere Regionen beim Schachtofen für die Kupferherstellung blieben, setzte sich in England ab Ende des 17. Jahrhunderts der Flammofen durch. Diese Öfen waren vermutlich bereits im Mittelalter aufgekommen, um Bronze für den Glockenguss zu schmelzen. Im Gegensatz zum Schachtofen, in dem sich Kohle und Erz zusammen in einer Art Kamin befinden, brennt in diesem die Kohle in einer Kammer neben dem Herd, während der Kamin auf der anderen Seite angeordnet ist. Somit streichen nur die Flammen und Verbrennungsgase über das glühende Erz. Der Aufbau ist also ähnlich wie bei einem Treibofen (s. Abschn. 4.7), nur dass je nach Betrieb leicht reduzierende, neutrale oder leicht oxidierende Bedingungen herrschen; außerdem war die Ofenform besser an den Prozess angepasst. Im Flammofen waren die verschiedenen Schritte der Kupferverhüttung möglich, das Rösten, das Erschmelzen einer Kupfermatte bis hin zur Reduktion zu Kupfer, was aber nicht unbedingt im gleichen Ofen erfolgte. Wegen des Wärmeverlustes verbrauchten die Flammöfen zwar mehr Brennmaterial, sie hatten aber den entscheidenden Vorteil, dass man Steinkohle anstelle von Holzkohle verwenden konnte. Außerdem war es mit diesem Konzept einfacher, immer größere Öfen zu bauen, was die Produktion steigerte.

Inzwischen nutzte man auch eine sehr einfache und billige Möglichkeit, das kostbare Kupfer aus den sauren und schwermetallreichen Grubenwässern zu gewinnen. Man warf einfach Eisenschrott in das Wasser, um den sich durch eine elektrolytische Austauschreaktion eine Kruste aus Kupfer legte, sogenanntes Zementkupfer.

Kupferlegierungen waren insbesondere im militärischen Bereich wieder in großer Menge gefragt, da damit präzisere Geschütze hergestellt werden konnten als mit Gusseisen. Die typische „Kanonenbronze" (*gunmetal*) für Gewehre und Artilleriegeschütze war eine Kupferlegierung, die Zinn, Zink und Blei enthielt (Rotguss). Die Legierung konnte gegossen und anschließend sehr gut weiterverarbeitet werden. Skandinavien wurde mit Falun (Schweden) und Røros (Norwegen) zu einem wichtigen Kupferexporteur.

Sehr lukrativ war nun auch der Abbau von Kobalt. Dieses Metall kommt in manchen polymetallischen Lagerstätten vor, zum Beispiel in Schneeberg und Annaberg im Erzgebirge, in Richelsdorf in Hessen und in Wittichen im

Schwarzwald. Es wurde aber nicht als Metall verwendet, sondern für die Herstellung von Kobaltblau, einem Farbpigment, das aus Metalloxiden besteht. Mit diesem konnten Glas und glasierte Keramik gefärbt werden.

Das 18. Jahrhundert endete in Frankreich mit dem Sturz des absolutistischen Königs, dessen letzte Begegnung mit Metall die Guillotine war. Kurz zuvor hatten die Vereinigten Staaten von Amerika ihre Unabhängigkeit erklärt, und in England entstanden zu dieser Zeit die ersten Maschinen, die auch in der Produktion eine Revolution einläuteten.

6.2 Dampf und Eisen

Als in der Mitte des 18. Jahrhunderts mit der raschen Erfindung von Maschinen die industrielle Revolution einsetzte, stieg nicht nur die Nachfrage nach Rohstoffen rapide, auch die Technisierung im Bergbau und in der Verhüttung nahm zu. Es war kein Zufall, dass die erste funktionierende Dampfmaschine, 1712 von Thomas Newcomen konstruiert, das Grubenwasser aus einem englischen Bergwerk pumpte. Wenige Jahrzehnte später gab es die ersten Spinnmaschinen, zu Beginn des 19. Jahrhunderts auch mechanische Webstühle. Die stetig verbesserten Maschinen ermöglichten eine enorme Steigerung der Produktivität, zugleich erzielten deren Besitzer hohe Profite, die wieder als Investitionen für neue Maschinen und eine weitere Ausweitung der Produktion dienen konnten. Mit der Elektronik und der chemischen Industrie entstanden schließlich ganz neue Industriezweige, die zum einen Metalle für Drähte und elektrische Bauteile, zum anderen bestimmte Erze als Rohstoff für Farben und andere Produkte benötigten. Mit dem zunehmenden Einsatz von Maschinen stieg zugleich der Bedarf an Metallen für ihren Bau. Diese bestanden weitgehend aus Gusseisen und Stahl, während Messing für Armaturen und bestimmte Teile wie Gleitlager, Zahnräder und Braukessel besser geeignet war.

Mit den ersten Eisenbahnen war es zudem einfacher und schneller, Rohstoffe und Produkte in großen Mengen zu transportieren. Die ersten Eisenschienen ersetzten in einer englischen Eisenhütte ältere Holzschienen. In Derbyshire zogen Pferde ab 1795 Wagen über Eisenschienen, die Kohlebergwerke und eine Keramikmanufaktur mit einem Kanal verbanden. Sobald Dampfmaschinen leistungsfähig und klein genug waren, um sie auf einem Wagen zu montieren, lag die Erfindung der Lokomotive nahe. Die erste Dampflokomotive der Welt rollte 1804 über Schienen eines Bergwerks in Südwales. Der Durchbruch des neuen Verkehrsmittels gelang knapp 20 Jahre später mit der Eröffnung der ersten öffentlichen Bahnstrecke im Nordosten Englands, die nur neun Meilen lang war. In der Folge entstanden viele weitere

Bahnlinien, die zunächst nur kurze Strecken überwanden. Viele waren im Besitz von Bergwerksbetreibern und transportierten Kohle oder Erz. Eine frühe Strecke war die Verbindung von der Industriestadt Manchester zur Hafenstadt Liverpool. Ein weiteres Jahrzehnt später entstanden in England, Belgien und den USA bereits Fernbahnen. Das Eisenbahnnetz in England wird später allerdings daran schwächeln, dass es viele verschiedene Systeme gab, die nicht kompatibel waren. Dampfschiffe kamen etwa gleichzeitig mit den ersten Bahnlinien auf und beschleunigten den Transport auch auf Flüssen und Meeren. Die ersten Autos rollten Ende des Jahrhunderts durch die Städte; bei ihnen handelte es sich zwar anfangs eher um Spielzeuge, aber es deutete sich die Entstehung eines weiteren Industriezweigs mit hohem Metallbedarf an.

Bergwerke gehörten zu den ersten Nutznießern der industriellen Revolution. Wasserpumpen und später auch die Seilzüge der Förderanlagen sowie Brecher und Mühlen der Aufbereitungsanlagen wurden zunehmend mechanisch betrieben, zugleich verdrängten im Schachtausbau, bei Fördertürmen, Schienen und Stützen immer mehr Konstruktionen aus Eisen das Holz. Natürlich konnten Dampflokomotiven nicht unter Tage eingesetzt werden. Oft schoben noch immer Menschen die eisernen Förderwagen, zum Teil ersetzt durch Grubenpferde. Die erste in Deutschland betriebene Dampfmaschine pumpte 1785 Wasser aus einem Kupferbergwerk in Mansfeld. In Clausthal erfand 1834 Wilhelm August Julius Albert das Drahtseil, das in Schächten Hanfseile und Eisenketten ersetzte (Liessmann 2010). Ketten waren nicht nur aufwendig herzustellen, ihr Eigengewicht macht die Verwendung in tiefen Schächten unmöglich. Im Oberharz gab es damals bereits mehr als 500 m tiefe Schächte, in denen zuvor Hanfseile verwendet wurden. Diese konnten aber nur ein geringes Gewicht heben, und sie rissen häufig. Mit den günstig herstellbaren Stahlseilen konnten nun bedeutendere Mengen aus größerer Tiefe gehoben werden. An den Seilen hingen große Holztonnen, in die das Erz gefüllt wurde. Im Jahr zuvor war im benachbarten Zellerfeld die erste Fahrkunst entstanden, die ein schnelles Ein- und Ausfahren der Bergleute ermöglichte. Zwei senkrecht stehende Holzbalken, die mit Fußtritten und Handgriffen versehen waren, bewegten sich, mit Wasserkraft betrieben, rhythmisch um etwa einen Meter auf und ab. Die Bergleute mussten nur im richtigen Rhythmus zwischen den Balken umsteigen.

Sprenglöcher mussten noch immer in Handarbeit gebohrt werden, zur Zündung dienten nun mit Knallquecksilber gefüllte Sprengkapseln und bessere Zündschnüre. Brauchbare, mit Druckluft betriebene Bohrmaschinen gab es ab den 1860er-Jahren, was die Sprengarbeit deutlich beschleunigte. Man begann auch, mit stärkeren Sprengmitteln wie Nitroglyzerin zu experimentieren, die aber so leicht explodierten, dass dies nicht immer im gewünschten Moment geschah. Schließlich erfand der Schwede Alfred Nobel

1866 in Krümmel bei Hamburg das Dynamit, indem er Nitroglyzerin mit Kieselgur vermischte. Es entstand eine breiige Masse, die sicher benutzt werden konnte und trotzdem eine sehr hohe Sprengkraft entfaltete.

Der Abbau in steilstehenden Erzgängen erfolgte nun meist im Firstenbau. Die Firste ist die Decke eines Grubenbaus, der Abbau erfolgte also über dem Kopf der Bergleute. Man begann mit einer tiefen, vom Schacht durch den Erzgang führenden Sohle (die aussieht wie ein Stollen, aber nicht an die Oberfläche führt). Dann sprengte man so viel Gestein aus der Decke, dass der Hohlraum doppelt so hoch war, und baute eine Zwischendecke ein. Ab jetzt sprengten die Bergleute Lage um Lage Gestein aus der Decke, wobei der Schutt unter ihren Füßen liegen blieb und als Arbeitsplattform diente. Erst wenn die nächsthöhere Sohle erreicht war, räumte man das Erz aus. Oft baute man sogenannte Erzrollen ein, kleine Schächte, durch die das Erz zu einer tiefer gelegenen Abfüllstation geworfen wurde.

Für den Abbau von flachen Kohleflözen oder flachen Erzschichten wie dem Kupferschiefer entwickelte sich der Strebbau. Als Streb bezeichnet man eine längliche Abbaukammer, wobei der Abbau auf der gesamten Länge einer Seitenwand erfolgt. Die andere Seite verfüllt man mit Abraum, oder man lässt diese Seite einfach einstürzen. Somit wandert der Streb langsam durch das Flöz.

Eine häufige Abbaumethode für größere Erzkörper war der Kammerpfeilerbau, wobei man zwischen nebeneinanderliegenden Abbaukammern Pfeiler stehen ließ, die das überlagernde Gestein trugen.

Die Bergleute gehörten zum am besten entlohnten Teil der Arbeiterklasse, allerdings waren die Arbeitsbedingungen katastrophal. Die Schichten waren so lang wie nur möglich, es gab häufig Unfälle, und die Ventilation war oft unzureichend. Es war sogar gang und gäbe, die von Arbeitern geförderte Menge falsch zu messen, um den Lohn zu drücken. Nicht nur Männer verrichteten sehr harte körperliche Arbeit, sondern auch Frauen, die aber nur halb so viel Lohn erhielten. Noch weniger bekamen Kinder, die bereits mit 10 Jahren in bis zu 14 h langen Schichten schufteten. Die Familien lebten dicht gedrängt in Häuschen, die von den Minenbesitzern so billig wie möglich gebaut wurden. Karl Marx zitiert im *Kapital* ausführlich aus den Untersuchungsberichten des englischen Parlaments, dem nichts anderes übrig blieb, als mit Gesetzen den schlimmsten Missständen entgegenzusteuern.

Die englische Schwerindustrie entwickelte sich schnell, sobald eine Lösung für das Problem des Holzmangels gefunden wurde. In Großbritannien gab es nicht nur reichlich Erzvorkommen, sondern auch Steinkohle. Diese kann aber nicht direkt zur Verhüttung verwendet werden, da beim Verbrennen zu viel Schwefel und Rauch freigesetzt werden. Bestimmte Kohlesorten können aber zu Koks umgewandelt werden, einem porösen Brennstoff mit sehr hohem

Heizwert, der fast nur aus Kohlenstoff besteht. Die Steinkohle wird dazu bei mehr als 1000 °C aufgeschmolzen, wobei flüchtige Bestandteile, die etwa ein Drittel ausmachen, gasförmig entweichen. Die Schmelze wird abgeschreckt, zerbrochen und gesiebt. Es dauerte einige Jahrzehnte, bis dieser 1709 in England erfundene Prozess für die Massenproduktion weiterentwickelt war. Nun konnten größere Hochöfen gebaut werden, da Koks anders als Holzkohle bei hohen Temperaturen standfest bleibt und die Glut trotz des hohen Füllgewichts nicht erdrückt wird. Steinkohle ist in England reichlich vorhanden und konnte leicht über das massiv ausgebaute Kanalnetz und mit den ersten Eisenbahnen transportiert werden. Entsprechend konnten wesentlich größere Mengen Eisen zu deutlich geringeren Produktionskosten erzeugt werden als zuvor, unabhängig von den dezimierten Wäldern. Eine weitere Optimierung war ab 1828 das Vorheizen der in den Hochofen eingeblasenen Luft in einem Winderhitzer. Schnell stieg die Tagesleistung eines Hochofens auf Hunderte Tonnen Roheisen (s. Abb. 6.1a).

Um die steigenden Mengen an Roheisen zu Stahl weiterzuverarbeiten, mussten bessere Verfahren für das Frischen entwickelt werden. Den Anfang machte ab 1784 das Puddelverfahren (s. Abb. 6.1b), die Übertragung des Herdfrischens in einen größeren Maßstab. Der Tiegel wurde dabei durch eine

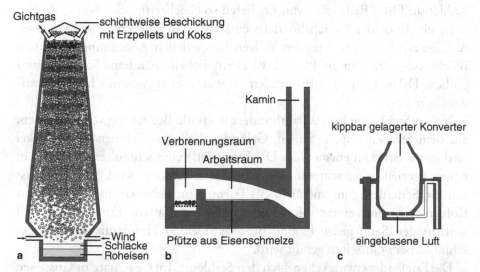

Abb. 6.1 Verfahren der Stahlherstellung. **a** Der Hochofen ist kontinuierlich in Betrieb, oben werden Erz und Koks zugeführt, unten werden regelmäßig Roheisen und Schlacke abgestochen. Im Ofen nimmt die Temperatur nach unten hin zu, die Reduktion des Erzes erfolgt schrittweise beim kontinuierlichen Aufschmelzen auf dem Weg nach unten. **b** Der Puddelofen zur Umwandlung von Roheisen zu Stahl (Frischen) ähnelt den Flammöfen in der Kupferproduktion. Die Pfütze mit Eisenschmelze musste mit Stangen umgerührt werden. **c** Die Bessemerbirne vereinfachte das Frischen, im birnenförmigen Konverter wird Luft in die Schmelze geblasen

große Pfütze ersetzt, in der das geschmolzene Eisen von Arbeitern mit langen Stangen umgerührt werden musste. Der Ofen war ein spezieller Flammofen, die Kohle brannte in einem Raum neben der Eisenpfütze, über die lediglich die Flammen und Gase strömten. Anfangs ließ man den Kohlenstoff vollständig verbrennen und erhielt so Schmiedeeisen, später gelang es, den Prozess so zu kontrollieren, dass direkt Stahl erzeugt wurde. Das Produkt enthielt aber noch Schlackenreste, die ausgeschmiedet werden mussten.

Mit der Bessemerbirne (s. Abb. 6.1c) erübrigte sich ab 1855 das manuelle Umrühren, und die Qualität wurde verbessert. Sie sah aus wie ein riesiger Betonmischer, der kippbare Eisenbehälter war innen mit feuerfesten Ziegeln ausgekleidet. Man goss geschmolzenes Roheisen hinein und blies dann Luft in die Schmelze ein. Die Oxidation des Kohlenstoffs erzeugte ausreichend Wärme, um das Metall geschmolzen zu halten. Anhand der Flammenfarbe war zu sehen, wann die Oxidation abgebrochen werden musste. Das heute verbreitete Linz-Donawitz-Verfahren (Patent 1950) ähnelt der Bessemer-birne, allerdings heißt das Gefäß nun Konverter, und eine „Lanze" bläst reinen Sauerstoff in die Schmelze. Das hat den Vorteil, dass keine unerwünschten Eisennitride entstehen, da Luft überwiegend aus Stickstoff besteht. Im Siemens-Martin-Ofen wiederum (ab 1867) wurde das kohlenstoffreiche Roheisen zusammen mit Eisenerz oder Schrott aufgeschmolzen; Oxidation von Kohlenstoff und Reduktion von Erz liefen so gleichzeitig ab.

Bereits Ende des 18. Jahrhunderts entstanden Walzwerke. Zwischen einer Abfolge aus heißen rotierenden Walzen in speziellen Anordnungen können Blöcke oder Stangen zu Platten, Blechen, Folien, Bändern, Schienen und groben Drähten ausgewalzt werden – was vorher wesentlich arbeitsaufwendiger war.

Neben Stahl stieg im 19. Jahrhundert auch die Bedeutung von Gusseisen, aus dem Straßenlampen, Säulen, Geländer, Balkone, Pfannen, Kanaldeckel und ganze Brücken entstanden. Die Eisengießereien schmolzen Roheisen in einem speziellen Schachtofen, der Kupolofen genannt wird. Mit Sandguss war die Serienfertigung möglich. Als Form dient dabei ein mit Sand, etwas Kohlenstaub und einem Bindemittel gefüllter Kasten. Ein Dauermodell wird in den Sand gedrückt und hinterlässt einen Hohlraum, der mit geschmolzenem Gusseisen gefüllt wird.

Die Engländer entwickelten auch den Stahlguss. Im Gegensatz zu Gusseisen war mit gegossenen Stahlteilen die Weiterverarbeitung durch Schmieden und Schweißen möglich, was für die Herstellung von Maschinenteilen und Waffen wichtig ist. Für viele Anwendungen war Stahl am besten geeignet, aber Stahlschmelze ist wesentlich heißer und dickflüssiger als geschmolzenes Gusseisen. Außerdem erstarrt sie über ein Temperaturintervall hinweg, und das Volumen verringert sich beim Abkühlen. Von diesen Problemen abgesehen hatte im

Puddelverfahren erzeugter Stahl nicht die für den Guss notwendige Qualität und musste erst durch Umschmelzen gereinigt werden. Nachdem Napoleon 1806 die Kontinentalsperre verhängt hatte, eine Wirtschaftsblockade des europäischen Kontinents gegen Großbritannien, kam das begehrte Material nicht mehr nach Deutschland. Daher gründete Friedrich Krupp in Essen ein Unternehmen, um selbst „englischen Gussstahl" herzustellen. Als die Produktion anlief, war die Kontinentalsperre zwar bereits aufgelöst, die Firma expandierte trotzdem schnell. Nachdem der Sohn Albrecht Krupp 1859 erstmals Geschütze aus Stahl goss, ersetzte dieser auch im Militär zunehmend Kupferlegierungen. Auch in Deutschland entstanden mehrere große Stahlhütten, während die traditionsreichen kleineren Hütten den Betrieb einstellten.

Eine weitere wichtige Erfindung war die Konservendose (Geoghegan 2013). Nachdem Napoleon Bonaparte 1795 einen Preis für die Erfindung eines Verfahrens ausgeschrieben hatte, mit dem Nahrungsmittel für die Versorgung seiner Armee für lange Zeit haltbar gemacht werden konnten, kam Nicolas Appert, ein Pariser Konditor, auf die Idee, Lebensmittel zu erhitzen und dann luftdicht in sterilisierte Glasflaschen zu füllen – warum Sterilisation funktioniert, war damals noch nicht bekannt. Auf den Gedanken, stattdessen Blechbehälter zu nehmen, kam vermutlich ebenfalls ein Franzose, Philippe Girard; es war aber ein britischer Händler, der 1810 das Patent für die Konservendose anmeldete. Girard befand sich damals in London, wo seine Idee durch die fortschrittlichen Unternehmer eher ein kommerzieller Erfolg werden konnte als in Frankreich. Die beiden Länder führten aber gerade Krieg gegeneinander, vermutlich wurde deshalb das Patent auf einen britischen Namen angemeldet. Drei Jahre später lief die Produktion von Dosennahrung für die britische Marine in einer Fabrik von Bryan Donkin an. Bald nutzten auch Expeditionen von Forschern und Abenteurern das haltbare Essen. Die dickwandigen Dosen wurden noch mit der Hand gefaltet, und der Deckel war mit einer Zinn-Blei-Legierung verlötet. Dosenöffner gab es erst ein halbes Jahrhundert später, solange mussten sie mit einem Bajonett, Messer oder Hammer geöffnet werden. Lebensmittel mit einem hohen Säuregehalt konnten Blei aus der Verlötung aufnehmen – möglicherweise der Grund für die Bleivergiftung der Crew auf der Arktisexpedition von Sir John Francis. Die Verwendung von dünnem verzinktem Blech begann in den USA, wo bald die Herstellung automatisiert wurde. Im späten 19. Jahrhundert gab es bereits in aller Welt Konservenfabriken, und die Dose war auch in den Städten im Alltag angekommen.

Konstruktionen aus Gusseisen und Stahl waren ein Sinnbild der Moderne des 19. Jahrhunderts. Die ersten Brücken aus Gusseisen entstanden noch Ende des 18. Jahrhunderts, viele weitere kamen beim Aufbau des Eisenbahnnetzes hinzu. Monumentale Dächer aus Glas und Eisen überspannten bald die größten Bahnhöfe. Überdachte Einkaufspassagen luden in vielen europäischen Städten dazu ein, die neue Vielfalt der Waren zu entdecken. In London entstand für die erste Weltausstellung 1851 der Kristallpalast, ein riesiges Ausstellungsgebäude aus Gusseisen und Glas, das wie eine Mischung aus Bahnhofshalle und Gewächshaus aussah. Ähnlich konstruierte, mit exotischen Pflanzen gefüllte monumentale Gewächshäuser entstanden in London, Brüssel, Berlin und Wien. In Paris wuchs für die Weltausstellung von 1889 der Eiffelturm in eine Höhe, mit der er alle früheren Gebäude bei Weitem überragte. Um etwa dieselbe Zeit entstanden in New York und Chicago die ersten Wolkenkratzer, die mit einem Stahlskelett konstruiert waren. Der Jugendstil kombinierte zum Ende des Jahrhunderts tragende Eisenkonstruktionen mit lebhaften Ornamenten.

6.3 Kupfer und Elektrizität

Die Kupferproduktion nahm im Verlauf der industriellen Revolution ebenfalls stetig zu. Auch hier kam es zu einer ständigen Verbesserung der Prozesse: Man versuchte kontinuierlich, an das jeweilige Erz angepasst die Reinheit des Kupfers zu verbessern, die Geschwindigkeit des Prozesses zu erhöhen, den Brennstoffbedarf zu verringern und die Ausbeute an Nebenprodukten wie Schwefelsäure und abgetrennten Edelmetallen zu vergrößern. Ausgehend von England verbreiteten sich die bereits beschriebenen Flammöfen (s. Abschn. 6.1), die immer größer und leistungsfähiger wurden. In der Regel wurden sie in Handarbeit mit Schaufeln gefüllt, es gab aber bereits Konstruktionen, die das Erz maschinell in und durch die Öfen bewegten. In Deutschland nutzte man weiterhin Schachtöfen, um eine Kupfermatte zu erschmelzen, führte aber den Flammofen ein, um verbliebene ungewollte Bestandteile aus dem erzeugten unreinen Kupfer zu entfernen. Dieser letzte Schritt wird Kupferraffination genannt. Das Erz wurde nun oft in Flammöfen oder einfachen Brennöfen geröstet und das Schwefeldioxid aufgefangen und zu Schwefelsäure verarbeitet. Im späten 19. Jahrhundert kam in Anlehnung an die bereits beschriebene Bessemerbirne der Konverter auf. In diesen wird geschmolzene Kupfermatte gefüllt und Luft oder besser Sauerstoff eingeblasen. Dabei läuft das Rösten der Kupfermatte zu Kupferoxid gleichzeitig ab mit einer Reaktion zwischen Kupfersulfid und Kupferoxid zu Kupfer und Schwefeldioxid. Das brachte eine erhebliche Einsparung an Brennstoff mit sich, außerdem war es leicht, das Schwefeldioxid zu sammeln und zu Schwefelsäure weiterzuverarbeiten.

Großbritannien als das Zentrum der Industrialisierung hatte einen besonders hohen Kupferbedarf. Obwohl das Land selbst bedeutende Erzvorkommen besaß und diese im großen Stil förderte, reichte die heimische Produktion nicht aus. Britische Banken und Investoren sahen sich in anderen Ländern um und kauften 1873 die Mine Rio Tinto in Spanien (s. auch Abschn. 4.9). Deren gewaltige Erzvorkommen hatte bisher nur ein kleines unrentables Bergwerk abgebaut, Mulis brachten das Kupfer an die Küste. Die Briten bauten eine Bahnlinie zum Hafen von Huelva, eine neue Schmelzhütte und einen exklusiven Ortsteil für das britische Personal. Große Tagebaue ersetzten die unterirdischen Stollen, und die Mine stieg für einige Zeit zum größten Kupferproduzenten der Welt auf. Man nutzte nicht nur das hochwertige Erz, das direkt in die Schmelzhütte ging, sondern auch das Armerz. Dieses schüttete man zu konischen Haufen auf, den *teleras*, in denen es langsam über Monate hinweg röstete. Danach warf man es in einen Tank mit Säure, die das Kupfer löste. Die Lösung floss durch ein Kanalsystem voller Eisenschrott, an dem sich Zementkupfer abschied. Das Verfahren sparte Brennmaterial, aber beim Rösten unter freiem Himmel stiegen große Mengen von SO_2 in die Luft auf, auch Arsen war in den giftigen Gasen enthalten. Als die Bevölkerung gegen diese Praxis demonstrierte, erschoss die spanische Armee kurzerhand hundert Zivilisten. Inzwischen ist die Mine stillgelegt, während sich das Unternehmen Rio Tinto zu einem weltweit agierenden Bergbaukonzern entwickelt hat.

Gefragt waren im 19. Jahrhundert zunächst Kupferlegierungen mit Zinn und Zink, die manchmal auch etwas Blei enthielten. Sie wurden als „Rotguss" beziehungsweise als Bronze oder Messing bezeichnet. Diese Legierungen sind zwar nicht so hart wie Stahl, lassen sich aber sehr gut gießen und danach äußerst gut weiterverarbeiten. In der ersten Hälfte des Jahrhunderts war „Kanonenbronze" das Material der Wahl für Gewehre und Artilleriegeschütze. Im Verlauf der Industrialisierung fand Rotguss oder „Maschinenbronze" auch im Maschinenbau eine weite Verbreitung, und zwar in Form von Zahnrädern, Armaturen, Wasserrohren und Braukesseln. Auch viele Musikinstrumente bestehen aus Messing.

Schließlich kam in der Mitte des 19. Jahrhunderts die Elektrotechnik auf und schuf ein völlig neues Anwendungsfeld in Form von Kupferdrähten. Kupfer hat nach Silber die zweithöchste elektrische Leitfähigkeit und ist daher für elektrische Leitungen und Spulen in Elektromagneten, Generatoren und Elektromotoren unverzichtbar. Entsprechend stieg der Kupferbedarf der neuen Branche ständig an.

Die Telegrafie war für die meisten Menschen die erste Anwendung, durch die sie mit der Elektrizität in Berührung kamen. Dass Nachrichten im Sekundentakt von einer Stadt zur nächsten und gar von einem Kontinent zum nächsten weitergegeben werden konnten, war vermutlich neben der Eisenbahn der wichtigste Grund, warum das 19. Jahrhundert als eine beispiellose Beschleunigung des Lebens wahrgenommen wurde. Die Idee, Nachrichten elektrisch über einen Draht zu übermitteln, lag mit dem Wissensstand zum Anfang des Jahrhunderts auf der Hand, und an verschiedenen Orten versuchten Tüftler, dies zu realisieren. In Göttingen beispielsweise spannten Carl Friedrich Gauß und Wilhelm Eduard Weber 1833 zwei Drähte vom Physikalischen Kabinett quer über die Innenstadt zur Sternwarte. Außerdem konstruierten sie Geräte, um binär codierte Botschaften zu senden und zu empfangen – die ersten funktionierenden Telegrafen der Welt. Dabei nutzten sie das Phänomen der elektromagnetischen Induktion, die Umkehrung der Funktionsweise eines Elektromagneten. In beiden Fällen geht es um die Interaktion von elektrischen und magnetischen Feldern. Der Sender bestand aus einer Spule aus Kupferdraht, die um einen Stabmagneten gewickelt war. Bewegte man die Spule relativ zum Magneten, bildete sich in der Spule ein Strompuls. Der Empfänger auf der anderen Seite des Drahtes war ähnlich konstruiert, in diesem Fall baute der durch eine Spule fließende elektrische Strom ein Magnetfeld auf, das einen Dauermagneten bewegte.

Da die beiden Forscher ihre Geräte nicht vermarkteten, kamen bei anderen frühen Linien andere Geräte zum Einsatz. Einer der ersten ernsthaft genutzten Telegrafendrähte verlief fünf Jahre später entlang einer Bahnstrecke in England; das Empfangsgerät hatte mehrere Nadeln, die einem Kompass ähnelten und deren Bewegung der Telegrafist beobachtete. Der kommerzielle Durchbruch der Telegrafie gelang aber erst, sobald die Nachrichten automatisch auf Papier geschrieben wurden. Dies gelang 1837 dem amerikanischen Maler Samuel F. B. Morse. Sein erstes Gerät bestand aus einer Staffelei, an der ein durch Spule und Magnet bewegtes Pendel mit einem Stift hing. Darunter lag ein von einem Uhrwerk bewegter Papierstreifen. Morse kam auch auf die Idee, den Text in Form eines Codes aus langen und kurzen Impulsen zu übermitteln, die als lange und kurze Striche aufgezeichnet wurden. 1844 war der Morse-Apparat ausgereift, im selben Jahr nahm eine Verbindung zwischen Washington und Baltimore den Betrieb auf, die wenig später bis New York verlängert wurde.

Der fieberhafte Aufbau eines Netzes zwischen den wichtigsten Großstädten begann bald auch in Europa. Zeitungen und die ersten Nachrichtenagenturen nutzten die Kabel genauso wie Unternehmer, Händler und Militärs. Die letzte Lücke in Europa schloss 1950 das erste Seekabel der Welt auf dem Grund des Ärmelkanals, das Großbritannien mit dem Kontinent verband. Möglich war dies dank einer Isolierung aus dem Gummi des in Malaysia heimischen Guttaperchabaumes.

Eine größere Herausforderung war es, mit einem Kabel quer durch den Atlantik das amerikanische mit dem europäischen Netz zu verbinden. Dieser Aufgabe verschrieb sich der amerikanische Millionär Cyrus Field. Das Kabel sollte der kürzesten Strecke folgen, von Irland nach Neufundland, eine Entfernung von 4500 km.

Der erste Schritt war die Anbindung der kanadischen Insel an das nordamerikanische Netz. Anschließend sorgte eine neu gegründete Aktiengesellschaft für Kapital, und zwei englische Fabriken begannen mit der Herstellung des Kabels, das in einer Schutzhülle aus Hanf und Eisendrähten sieben isolierte Kupferdrähte enthielt – mit mehr als 800 t Kupfer und 300 t Guttapercha. Um das insgesamt mehr als 4000 t schwere Kabel zu verlegen, stellten England und die USA ihre größten Kriegsschiffe zur Verfügung – die amerikanische Fregatte USS Niagara und das britische Schlachtschiff HMS Agamemnon. Diese luden im Sommer 1857 jeweils die Hälfte des Kabels. An einer Insel vor Irland befestigte man ein Ende, und während die Schiffe nach Westen dampften, rollte die Niagara ihre Ladung langsam ab. Bereits am ersten Tag brach das Kabel zum ersten Mal, was sich aber reparieren ließ. Ein paar Tage und 380 Meilen später versagte jedoch der Mechanismus, der das Gewicht des vom Schiff bis in die Tiefsee hängenden Kabels halten sollte. Es riss und ein Teil verschwand in der Tiefsee.

Vor dem zweiten Versuch im folgenden Jahr hatte man mit Experimenten die Abrolltechnik verbessert, blieb aber trotzdem erfolglos. Dieses Mal fuhren beide Schiffe zunächst in die Mitte des Atlantiks, dort wollte man die beiden Teile verbinden und dann in beide Richtungen hin abrollen. Man geriet unterwegs in einen starken Sturm, der beinahe die Agamemnon versenkte. Ein Teil der Kohle fiel ins Meer, die verzweifelte Crew war kurz davor, auch die Ladung über Bord zu werfen. Nach dem Sturm begannen die Schiffe mit der Arbeit. Zweimal brach das Kabel, und sie mussten an den Ausgangspunkt zurückkehren und von vorne beginnen. Als dann nach 100 Meilen der von der Agamemnon abgerollte Teil riss, war die Kommunikation zwischen den Schiffen unterbrochen. Die Niagara fuhr einfach nach Irland zurück, während das andere Schiff nach ihr suchte und, weil die Kohle ausging, mit gesetzten Segeln langsam folgte. Als wenig später die Schiffe zu ihrem dritten Versuch starteten, glaubte kaum noch jemand an den Erfolg. Diesmal klappte es jedoch ohne größere Probleme. Am 4. und 5. August 1858 erreichten beide Schiffe ihr jeweiliges Ziel, wenige Tage später kam die erste vollständige Nachricht auf der anderen Seite an, eine Aufforderung, langsamer zu senden. Die Protokolle der folgenden Tage erinnern an einen Soundcheck vor einem Konzert, dann folgte der Austausch von pathetischen Glückwunschtelegrammen zwischen Königin Victoria und Präsident Buchanan.

Weil die Entfernung wesentlich größer war als bei früheren Leitungen und damit auch der Verlust durch den elektrischen Widerstand, hatte man einfach die Spannung deutlich erhöht. Trotzdem war das Signal am anderen Ende nur schwach, und Effekte wie Dispersion und Rückkopplungen führten dazu, dass die Morsezeichen nicht als klare Pulse ankamen. Daher musste man in Zeitlupe senden, so langsam, dass allein die Übertragung des Telegramms von Königin Victoria fast 18 h dauerte. Nach einigen weiteren Telegrammen, häufig unterbrochen durch die Aufforderung „repeat please", brach die Verbindung schon am 18. September ab. Offensichtlich hatte man die Spannung so stark erhöht, dass irgendwo am Ozeanboden die Isolierung durchschmorte – die verwendeten Induktionsschleifen konnten bis zu 2000 V generieren.

Ein neues Kabel gab es erst acht Jahre später. Es war dicker, zugleich baute man vor den Empfänger einen Verstärker, sodass die Spannung nicht so hoch sein musste. Damit waren schnelle Übertragungsraten möglich. Als 1883 der Vulkan Krakatau in Indonesien ausbrach, umspannte das Kabelnetz bereits die ganze Welt, und man konnte schon drei Tage nach dem verheerenden Ausbruch in London einen Zeitungsartikel darüber lesen. In den USA waren zu diesem Zeitpunkt bereits Telefone im Einsatz, die ebenfalls Kupferdrähte benötigten.

Die Grundlagen der Elektrotechnik schufen in den vorangegangenen Jahrhunderten Physiker wie Otto von Guericke mit der ersten Elektrisiermaschine (1663), Ewald Georg von Kleist und Pieter van Musschenbroek mit der Leidener Flasche, dem ersten Kondensator (1745), Benjamin Franklin mit dem Blitzableiter (1752) und Coulomb mit dem nach ihm benannten Gesetz, das die von elektrischer Ladung verursachte Kraft beschreibt (1785).

Ende des 18. Jahrhunderts entdeckte Luis Galvani, dass Froschschenkel zusammenzucken, wenn er sie mit Nadeln aus Kupfer und Eisen berührte, die untereinander verbunden waren. Er glaubte, eine geheimnisvolle tierische Elektrizität entdeckt zu haben, woraufhin Alessandro Volta feststellte, dass in Wirklichkeit ein Strom durch die Anordnung mit verschiedenen Metallen in einem Elektrolyten – dem salzigen Wasser in den Muskelzellen – erzeugt wurde, für den die Muskeln nur als Detektor dienten.

Das Prinzip nennen wir heute Galvanische Zelle: Zwischen zwei Elektroden aus unterschiedlichen Metallen, die in eine geeignete Elektrolytlösung getaucht sind, baut sich eine elektrische Spannung auf. Diese geht auf Redoxreaktionen zurück, bei denen Ionen des edleren Metalls Elektronen aufnehmen und zu reinem Metall reduziert werden, das sich auf der Elektrode absetzt. Das weniger edle Metall wird hingegen oxidiert und geht in Form von Ionen in Lösung, wobei Elektronen freigesetzt werden. Verbinden wir die beiden Elektroden, fließt ein elektrischer Strom. Darauf aufbauend konstruierte Alessandro Volta um 1800 die erste funktionierende Batterie, die „Voltasche Säule". Zwischen einem Paar aus unterschiedlichen Metallscheiben, meist Kupfer und Zink, befand sich eine Elektrolytlösung. Diese Anordnung war in der Säule mehrfach übereinandergestapelt, es waren also mehrere galvanische Zellen in Reihe geschaltet.

Damit hatten Forscher für ihre Experimente erstmals eine kontinuierliche Gleichstromquelle. Physiker wie Georg Simon Ohm, Hans Christian Ørsted, André-Marie Ampère, Michael Faraday und James Clerk Maxwell waren dem elektrischen Strom weiter auf der Spur, während Chemiker das Prinzip der galvanischen Zelle umdrehten und die Elektrolyse entwickelten. Der elektrische Strom erzwingt in diesem Fall eine Redoxreaktion, mit der es möglich ist, Verbindungen in ihre Bestandteile aufzutrennen. Bereits 1800 gelang die Elektrolyse von Wasser zu Wasserstoff und Sauerstoff.

Humphrey Davy schaffte es in den Jahren 1807 und 1808 erstmals, durch Elektrolyse in einer Schmelze Alkali- und Erdalkalimetalle in elementarer Form herzustellen, nämlich Natrium, Kalium, Barium, Strontium, Kalzium und Magnesium. So schmolz er zum Beispiel Natriumhydroxid (Schmelzpunkt: 318 °C) in einer Platinschale auf. Die Schale und ein in die Schmelze getauchter Platinstab dienten als Elektroden, die er mit einer Voltaschen Säule verband. Die positiv geladenen Natriumkationen der Schmelze wandern zur negativen Kathode, nehmen Elektronen auf und werden so zu elementarem Natrium reduziert. Die negativ geladenen Hydroxidionen wandern zur positiven Anode, geben ein Elektron ab und reagieren zu Wasserdampf und Sauerstoff, wobei die Schmelze durch die entweichenden Gase aufschäumt. Das elementare Natrium war allerdings zunächst nicht von großem Nutzen, es oxidiert sehr leicht, und mit Wasser reagiert es so heftig, dass es sich entzündet. Erst später wird die chemische Industrie das Element als Reduktionsmittel und Katalysator nutzen. Vielversprechender war ein anderes Metall, dessen erstmalige Erzeugung keine 20 Jahre später mithilfe von Kalium gelang: das Aluminium (s. Abschn. 6.4).

Das Prinzip der Galvanischen Zelle machte es auch möglich, Gegenstände durch elektrochemische Abscheidung mit einer gleichmäßigen Metallschicht zu überziehen. Dabei kann es sich um Metallobjekte handeln, die mit einem anderen Metall – etwa Gold, Silber, Zink, Chrom oder Nickel – beschichtet werden, damit die Oberfläche vor Korrosion geschützt wird oder einfach edler aussieht. Beispiele sind vergoldeter Schmuck, versilbertes Essbesteck, verchromte Felgen und verzinkte Bleche. Es ist aber auch möglich, auf eine mit Grafit überzogene Form aus Holz, Gips oder Wachs eine Kupferschicht aufzutragen und diese anschließend von der Form zu trennen. Eine wichtige Anwendung war die Herstellung von Druckplatten aus Kupfer. Als Vorlage für die Kopie dienten Holzschnitte, Kupferstiche, andere fertige Druckplatten oder auch mit beweglichen Lettern gesetzte Seiten. Die Kupferplatten konnten verbogen werden, was den Zeitungsdruck mit rotierenden Zylindern ermöglichte; außerdem konnten Druckplatten leichter aufbewahrt oder weitergegeben werden. Auch Skulpturen können mit dem galvanischen Verfahren geschaffen beziehungsweise kopiert werden. Ein frühes Beispiel der

„Galvanoplastik" sind Kupferskulpturen an der Isaaks-Kathedrale in Sankt Petersburg. Später nutzte man das Verfahren gerne, um ältere Skulpturen wie Brunnenfiguren und Reiterstandbilder zu kopieren.

Das Verfahren ist einfach: Um beispielsweise einen elektrisch leitenden Gegenstand mit einer Kupferschicht zu überziehen, legt man ihn in ein Bad mit einer Kupfersulfatlösung. Man verbindet ihn mit dem negativen Pol, der gesamte Gegenstand dient so als Kathode. Als Anode hängt man einen mit dem positiven Pol verbundenen Kupferblock in die Lösung. Während der Kupferblock langsam kleiner wird, scheidet sich auf dem Gegenstand eine gleichmäßige Kupferschicht ab, deren Dicke von der Stromstärke und von der im Bad verbrachten Zeit abhängt.

Bei der modernen Kupfergewinnung dient die an das galvanische Verfahren angelehnte elektrolytische Raffination dazu, um unreines „Garkupfer" aus dem Ofen zu hochreinem Kupfer zu raffinieren. Das Garkupfer wird zu großen Anoden gegossen, von denen Hunderte in ein großes Becken mit einer Kupfersulfatlösung gehängt werden. Die Kathoden bestehen aus reinem Kupfer, an dem sich weiteres reines Kupfer anlagert. Die angelegte Spannung ist so gewählt, dass Kupfer an der Anode oxidiert, als Ion in Lösung geht, zur Kathode wandert und dort wieder reduziert wird. Weniger edle Metalle bleiben hingegen in der Lösung, während Gold, Silber, Platinmetalle, Tellur und Selen nicht an der Anode oxidiert werden, sondern als Anodenschlamm auf den Boden des Beckens absinken. Es ist auch möglich, oxidische Kupfererze mit Schwefelsäure auszulaugen und das Kupfer anschließend durch *ectrowinning* aus der Lösung zu gewinnen. *Electrowinning* wurde 1870 erstmals kommerziell eingesetzt, die elektrolytische Raffination setzte sich aber erst in der ersten Hälfte des 20. Jahrhunderts gegenüber der Raffination im Flammofen durch.

Die elektrochemische Abscheidung verschiedener Metalle war 1840 bereits ausgereift, konnte aber nur in kleinem Stil angewandt werden, da der notwendige elektrische Strom fehlte. Tatsächlich stand einer der ersten Generatoren in einer Fabrik für galvanische Beschichtungen; die frühen Geräte waren aber nicht leistungsfähig, da sie einen Dauermagneten verwendeten, um in einer Spule elektrischen Strom zu induzieren. Der Durchbruch gelang 1866 Werner von Siemens und anderen, die den Dauermagneten durch einen Elektromagneten ersetzten. Innerhalb der nächsten 20 Jahre folgte die Erfindung der Glühbirne durch Thomas Alva Edison und die verlustarme Wechselstromübertragung durch Nikola Tesla. Der Elektrifizierung der Städte stand nun nichts mehr im Wege, zum Ende des Jahrhunderts gab es bereits viele kleine regionale Stromnetze.

In Berlin fuhr 1881 die erste elektrische Straßenbahn der Welt, ein Jahr später die erste elektrische Grubenbahn in einem Steinkohlebergwerk bei

Dresden. Unter Tage war der Einsatz von Lokomotiven für den Transport von Erz oder Kohle natürlich eine enorme Verbesserung gegenüber den Gruben-pferden oder gar per Hand geschobenen Wagen. Auch der Schichtwechsel lief damit schneller ab. Kein Wunder, dass bis zur Jahrhundertwende viele weitere Bergwerke dem Beispiel folgten. Auch die erste elektrische U-Bahn in London machte Schule; um die Jahrhundertwende gab es in europäischen und amerikanischen Städten bereits zahlreiche Linien.

6.4 Aluminium

Das geringe Gewicht von Aluminium macht es zu einem hervorragenden Werkstoff für den Flugzeug- und Fahrzeugbau. Außerdem hat es eine gute Wärmeleitfähigkeit, eine sehr gute elektrische Leitfähigkeit und es ist ein hervorragender Reflektor für Spiegel. Schließlich eignen sich dünnen Folien als Verpackungsmaterial und zum Grillen.

Eigentlich handelt es sich um ein sehr unedles Metall, das entsprechend leicht oxidiert: Aluminiumstaub kann sich explosionsartig selbst entzünden! Das Metall schützt sich aber selbst vor Korrosion, indem auf der Oberfläche eine wenige Nanometer dicke Aluminiumoxidschicht entsteht. Mit einem elektrochemischen Verfahren (Eloxal) kann diese Schicht für den zusätzlichen Schutz noch verstärkt werden.

Die Herstellung von Aluminium ist mit herkömmlichen metallurgischen Methoden nicht möglich, da Kohlenmonoxid als Reduktionsmittel nicht stark genug ist. Daher wurde dieses Element erst sehr spät beschrieben, näm-lich 1808 von Sir Humphrey Davy, war aber weiterhin nur in Form von Aluminiumverbindungen bekannt.

Bauxit, das wichtigste Aluminiumerz, beschrieb Pierre Berthier 1821. Eigentlich hatte man gehofft, das weiche, rote Gestein von Les-Beaux-de-Provence für die Eisengewinnung zu nutzen. Berthier stellte aber überrascht fest, dass außer dem damals noch unbrauchbaren Aluminium keine Elemente in nennenswerter Menge enthalten waren. Bauxit besteht aus Aluminium-hydroxiden wie Gibbsit, Böhmit und Diaspor, die bei einer Temperatur von 1200 °C zu Aluminiumoxid, sogenannter Tonerde, umgewandelt werden können.

Dem dänischen Naturwissenschaftler Hans Christian Ørsted gelang 1825 die erstmalige Herstellung des Metalls. Er verwendete Kaliumamalgam als Reduktionsmittel, um Aluminiumchlorid zu Aluminium zu reduzieren. Allerdings musste er auch die Ausgangsstoffe erst herstellen: Er mischte Aluminiumoxid mit Kienruß, erhitze die Mischung und ließ dann Chlorgas hindurchströmen (Fogh 1921). Das Kalium wiederum konnte durch Elektrolyse von geschmolzenem Kaliumhydroxid erzeugt werden. Kurz gesagt, ein sehr aufwendiger Prozess. Friedrich Wöhler ersetzte Kaliumamalgam durch reines Kalium und erhielt reineres Aluminium, was den Prozess aber nicht vereinfachte.

Das auf diese Weise produzierte Aluminium war deutlich teurer als Gold. Der Franzose Henri Etienne Sainte-Claire Deville konnte, von Napoleon III. großzügig gefördert, die Kosten etwas senken, indem er Natrium statt Kalium verwendete, aber noch immer zählte Aluminium zu den teuersten Metallen. Die Pariser Weltausstellung 1855 präsentierte einen Aluminiumbarren mit der Beschriftung „Silber aus Lehm" neben den Kronjuwelen. Napoleon III. ließ seine höchsten Gäste mit Aluminiumbesteck speisen, während die anderen mit vergoldetem Silber vorlieb nehmen mussten.

Die Situation änderte sich erst 1886, als unabhängig voneinander Charles Martin Hall in den USA und Paul L. T. Hérauld in Frankreich das noch heute verwendete Verfahren entwickelten und die ersten Aluminiumhütten gebaut wurden. Im Hall-Héroult-Prozess (s. Abb. 6.2) wird Aluminium durch Elektrolyse von Aluminiumoxid in einer Schmelze gewonnen. Aluminiumoxid hat mit 2050 °C einen sehr hohen Schmelzpunkt; das Verfahren ist daher nur möglich, wenn eine große Menge Kryolith (Na_3AlF_6) zugemischt wird, da der Schmelzpunkt der Mischung nur noch bei 950 °C liegt. Die Schmelze befindet sich in einer Wanne aus Grafit, in die große Grafitelektroden abgesenkt werden. Zwischen Wanne und den abgesenkten Elektroden wird eine elektrische Spannung angelegt. Das Al^{3+} der Schmelze nimmt an der Kathode drei Elektronen auf und wird so zu geschmolzenem metallischem Al reduziert, das sich am Boden der Wanne ansammelt und abgesaugt werden kann. Gleichzeitig reagiert an der Anode der Sauerstoff des Aluminiumoxids (O^{2-}) mit dem Grafit zu Kohlenmonoxid und Kohlendioxid.

Während Aluminiumoxid leicht aus Bauxit erzeugt werden kann (das Bayer-Verfahren zum chemischen Reinigen des Erzes wurde 1888 patentiert), gibt es weltweit nur eine einzige nennenswerte Kryolith-Lagerstätte, nämlich Ivigtut in Grönland. Als die Dänen mit dem Abbau dieser Lagerstätte begannen, diente das Erz zunächst noch der Herstellung von Natriumhydroxid. Mit dem Aufbau der ersten Aluminiumhütten entwickelte sich Ivigtut zu einem der wichtigsten Wirtschaftszweige der dänischen Kolonie. Die Lagerstätte ist längst erschöpft, Kryolith wird inzwischen synthetisch hergestellt. Heute ist Aluminium das Metall, dessen Verbrauch nach Eisen an zweiter Stelle steht.

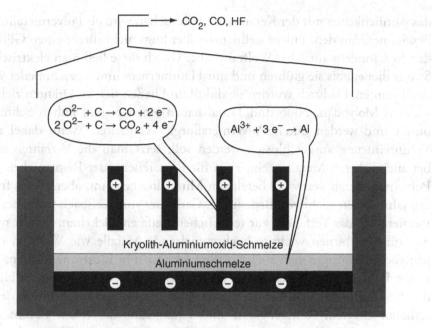

$$\longrightarrow CO_2, CO, HF$$

$$O^{2-} + C \rightarrow CO + 2\,e^-$$
$$2\,O^{2-} + C \rightarrow CO_2 + 4\,e^-$$

$$Al^{3+} + 3\,e^- \rightarrow Al$$

Kryolith-Aluminiumoxid-Schmelze

Aluminiumschmelze

Abb. 6.2 Aluminiumgewinnung durch Elektrolyse in einer Schmelze

6.5 Stahlgewitter und Eiserner Vorhang

Das neue Jahrhundert begann für Bergleute mit einer wirklich erleuchtenden Erfindung: Die 1900 patentierte Karbidgrubenlampe ist deutlich heller als die alten Öllampen und zugleich sicherer. In ihrem Gehäuse tropft Wasser auf CaC_2, einen weißen Feststoff. Dabei läuft eine chemische Reaktion ab, bei der Methan entsteht, das in den Brenner strömt und dort in einer hellen Flamme brennt. Dabei besteht keine Gefahr, dass die Lampe versehentlich gelöscht oder das Öl verschüttet wird.

Elektrische Lampen waren zwar unter Tage mangels Verkabelung nicht sehr praktisch, verbreiteten sich aber zunehmend in den Städten. Eine deutliche Verbesserung war es, als Carl Auer von Welsbach (s. auch Abschn. 6.8) den bisher in den Birnen glühenden Kohlefaden zunächst durch einen Draht aus Osmium und einige Jahre später, als sich Wolfram als das Metall mit dem höchsten Schmelzpunkt herausstellte, mit einem Wolframdraht ersetzte. Er gründete die Firma Osram, deren Name von beiden Metallen abgeleitet ist.

Der Schmelzpunkt von Wolfram liegt bei 3422 °C, was herkömmliche Metallbearbeitungsverfahren unmöglich macht, allein schon weil es keine geeigneten Tiegel gibt. Wolframoxid kann mit Wasserstoff zu Wolfram reduziert werden. Das Ergebnis ist Wolframpulver, das man in Form presst und bei hoher Temperatur unterhalb des Schmelzpunktes sintert. Dieses Verfahren, das Ähnlichkeiten mit der Keramikherstellung hat, wird als Pulvermetallurgie bezeichnet. Aus dem Pulver stellte man allerdings nicht direkt einen Glühfaden her, sondern zunächst Wolframstäbe. Durch diese ließ man elektrischen Strom fließen, bis sie glühten und mit Hämmermaschinen geschmiedet werden konnten. Dadurch wurden sie duktil und ließen sich zu Drähten ziehen.

Auch Molybdän, Niob und Tantal haben einen extrem hohen Schmelzpunkt und werden durch Pulvermetallurgie verarbeitet. Wenn dabei eine Verunreinigung ausgeschlossen werden soll, setzt man die Verfahren auch bei alltäglicheren Metallen ein, etwa für Reinsteisen oder Reinstnickel. Die Pulvermetallurgie war wohl bereits im Mittelalter bekannt, aber bis ins frühe 20. Jahrhundert nicht von Bedeutung. Carl Auer von Welsbach war einer der Pioniere, die das Verfahren zur technischen Reife entwickelten. Es war nicht nur für Glühbirnen wichtig, hochschmelzende Metalle wie Wolfram oder Molybdän benötigte man auch für die Elektroden in Elektronenröhren. Die ersten Röhren gab es bereits Ende des 19. Jahrhunderts. In der ersten Hälfte des 20. Jahrhunderts baute man unterschiedliche Röhren für eine wachsende Zahl an Geräten: Röntgengeräte und Funkgeräte, die ersten Radios und später Fernseher. Ab den späten 1950er-Jahren wurden die Röhren dann in vielen Geräten dank der neuen Halbleitertechnik durch die viel kleineren Transistoren ersetzt.

Die Elektrizität veränderte zu Beginn des Jahrhunderts auch den Bergbau. Ventilatoren versorgten die Bergleute mit Frischluft. Elektrische Förderanlagen hoben das Erz an die Oberfläche, und zwar nicht mehr in Holztonnen, sondern in Förderkörben. Dabei handelt es sich um einen Stahlrahmen, der die Förderwagen („Hunde") aufnimmt und wie ein Aufzug an einem Stahlseil durch den Schacht gezogen wird. Zum Einfahren in das Bergwerk hielten sich die Bergleute zunächst lieber an die alten Fahrkünste, bevor sie sich in den 1920er-Jahren dem Stahlseil anvertrauten.

Die vielleicht revolutionärste Innovation im Bergbau war jedoch eine neue Methode, unbrauchbare Minerale (die Gangart) aus dem Erz abzutrennen und die verschiedenen Erzminerale zu sortieren, um Erzkonzentrate für die Verhüttung bereitzustellen. Bisher war die Aufbereitung der Erze weitgehend Handarbeit. Das Waschen der Erze konnte dabei helfen, die Gangart zu entfernen. Gemeint ist eine Sortierung nach der Dichte der Minerale in einer Waschpfanne oder in einem Wasserstrom auf dem Waschtisch, wobei die Dichte der verschiedenen Erzminerale oft zu ähnlich für eine Auftrennung ist. Die meiste Arbeit verrichteten häufig Frauen und Kinder an der sogenannten Scheidebank; sie klaubten die brauchbaren Stücke aus dem auf den Tisch geschütteten, bereits zerbrochenen Gestein und sortierten sie in verschiedene Tröge. Wenn das Erz grobkörnig ist und die Erzminerale auf einen Blick unterscheidbar sind, ist so bereits die Trennung mancher Metalle eines polymetallischen Erzes möglich. Der Arbeitsaufwand ist jedoch enorm, und bei einem feinkörnigen Erz kommt die Handarbeit schnell an ihre Grenzen.

Die sogenannte Flotation machte die mehr oder weniger automatische Sortierung von großen Erzmengen möglich, auch bei feinkörnigem Erz, das unterschiedliche Metalle in unterschiedlichen Mineralen enthält. Das Verfahren ist eine Mineralseparation in einer Art Schaumbad, durch das Gasblasen aufsteigen. Anders als beim Waschen geht es nicht um die Dichte, sondern darum, ob die Mineraloberfläche wasserabweisend ist oder nicht. Das fein gemahlene Erz wird mit Wasser aufgeschlämmt und in die Flotationszelle gebracht, wo sich wasserabweisende Partikel an aufsteigende Gasblasen heften und sich im Schaum an der Oberfläche ansammeln. Man gibt bestimmte Chemikalien hinzu, um zu kontrollieren, welche Minerale aufsteigen und welche zurückbleiben. Durch eine Kombination von mehreren Flotationszellen lässt sich das Erz in Konzentrate für die jeweiligen Metalle anreichern.

Erste Patente zu diesem Verfahren gab es bereits im 19. Jahrhundert, die Weiterentwicklung zu einem industriellen Prozess erfolgte in den ersten zwei Jahrzehnten des 20. Jahrhunderts. Ab 1901 tüftelten Ingenieure in Broken Hill, einer großen Blei-Zink-Lagerstätte in Australien, an verschieden konstruierten Flotationszellen, mit denen sie eine immer bessere Ausbeute erzielten. Zehn Jahre später begann man in den USA in Butte (Montana), das Verfahren für den Kupferbergbau zu adaptieren. Mitte der 1920er-Jahre war die Flotation mehr oder weniger ausgereift, und in der Folge bauten immer mehr Minen in aller Welt entsprechende Aufbereitungsanlagen.

In den USA begann Henry Ford Ende 1913 die Massenproduktion von Autos am Fließband. Die Produktion war damit nicht nur deutlich schneller als zuvor, sondern auch erheblich günstiger. Bald folgten andere Hersteller dem Vorbild, die Branche wuchs und damit ihr Metallverbrauch. Immer mehr Menschen konnten sich ein Auto leisten, neue Möglichkeiten des Transports entwickelten sich.

Eine weitere Neuerung des frühen 20. Jahrhunderts war rostfreier Stahl. Dieser enthält mindestens 10 % Chrom, häufig auch Nickel und weitere Metalle. Auf der Oberfläche bildet sich ein Film aus Chromoxid aus, der tiefere Bereiche vor Oxidation schützt. Zudem ist chromreicher Stahl auch härter. Dass Chrom die Eigenschaften von Stahl verbessert, war bereits im 19. Jahrhundert bekannt. Das damals unter anderem in der Türkei, in Südafrika und in den USA abgebaute Metall nutzte man bisher aber vor allem in Form von Chromverbindungen bei der Farbherstellung und in Gerbereien.

Rostfreie Stahlsorten mit hohem Chromgehalt wurden kurz vor dem Beginn des Ersten Weltkriegs in Deutschland, Österreich, Frankreich, England und den USA entwickelt. Bertha Krupp, die Urenkelin des Konzerngründers, ließ 1908 als Hochzeitsgeschenk an ihren Mann eine Segeljacht namens „Germania" aus dem zu diesem Zeitpunkt nur in sehr kleiner Menge produzierten Material bauen. Der patriotische Name war Programm: Was in den folgenden Jahren in immer größerer Menge aus den Hochöfen kam, sollte weitgehend weniger friedlichen Zwecken dienen.

Zu diesem Zeitpunkt war Deutschland seit etwa 25 Jahren eine Kolonialmacht, die zwar einen deutlich kleineren Teil der Welt beherrschte als die Konkurrenten England oder Frankreich, hinter diesen aber in ihrem imperialistischen Wahn und der forcierten Aufrüstung nicht zurückstand. Insbesondere die Flotte ließ Kaiser Wilhelm II. stark vergrößern, mit den Briten rüstete er regelrecht um die Wette.

Im Juli 1914 reagierte das Königreich Österreich-Ungarn auf die Ermordung des Thronfolgers in Sarajewo mit einer Kriegserklärung an Serbien. Österreich konnte auf die Unterstützung durch das waffenstarrende Deutsche Reich bauen. Russland mobilisierte zur Unterstützung Serbiens seine Truppen, das mit Russland verbündete Frankreich ebenfalls. Deutschland kam beiden kurzerhand mit Kriegserklärungen zuvor und fiel auf dem Weg Richtung Paris in Belgien und Luxemburg ein. Diesen wiederum eilten die Briten zu Hilfe. Diese Dynamik machte innerhalb weniger Tage aus einem lokalen Konflikt einen Weltkrieg zwischen bis an die Zähne bewaffneten Imperien, in dem bald auch Italien, das Osmanische Reich, die USA und viele andere Staaten kämpften. Dabei kamen neue Waffensysteme wie Panzer, Maschinengewehre, Flugzeuge, Panzerkreuzer, U-Boote und Giftgas zum Einsatz, die Massenheere entfalteten damit eine bisher unbekannte mörderische Kraft, die kaum mit vorhergehenden Kriegen vergleichbar war. All das führte aber nicht in einem schnellen Feldzug zum Sieg, sondern blieb in langen Grabenkämpfen stecken. Der Schriftsteller Ernst Jünger wird das Leben und Sterben in den Schützengräben später als „Stahlgewitter" verklären.

Nach dem Kriegsende forderten die Sieger von Deutschland nicht nur Reparationszahlungen in Form von Goldmark, Kohle und Schiffen, der Versailler Vertrag beschränkte auch die Größe der Armee und verbot schwere Waffen, woran sich Deutschland nicht immer hielt. Auf den Erfahrungen des Krieges aufbauend entwickelten die Industrienationen in der Zeit zwischen den Kriegen ihre Waffensysteme weiter. Auch neue Stahlsorten wurden geschaffen, die noch härter und robuster waren und Elemente wie das Metall Niob enthielten.

Mittlerweile war auch die Sowjetunion zu einer Industrienation aufgestiegen. Stalin finanzierte den Ausbau der Schwerindustrie insbesondere durch den massiven Export von Getreide. In den Gulags eingesperrte Gefangene erschlossen große Rohstoffvorkommen in Sibirien wie die Nickel- und Paladiumlagerstätte Norilsk. Es entstanden riesige Industriebetriebe, die zu noch größeren Kombinaten zusammengeschlossen wurden. Paradebeispiel war ab 1931 das gigantische Ural-Kusnezk-Kombinat. Im Ural zwischen Jekaterinburg und Magnitogorsk gibt es große Eisenerzlagerstätten, außerdem auch Kupfer, Zink, Blei und Edelmetalle. 2200 km entfernt bei Nowosibirsk und Nowokusnezk liegen hingegen gewaltige Steinkohlevorkommen. In beiden Regionen entstanden große Hüttenwerke; Kohle und Erz wurden mit der Eisenbahn ausgetauscht. Um die Hüttenwerke gruppierten sich Maschinenfabriken, Fahrzeugbau, elektrotechnische und chemische Industrie.

Nach der Machtübernahme der Nationalsozialisten begann Deutschland eine massive Vergrößerung und Aufrüstung der Armee mit modernen Waffen. Die Kapazitäten von Stahlwerken und Waffenschmieden stiegen schlagartig an, ebenso der Verbrauch des überwiegend aus Schweden importierten Eisenerzes. Mit dem Überfall auf Polen begann Deutschland den Zweiten Weltkrieg, der sich unter dem deutschen Größenwahn und Rassismus zu einem „totalen Krieg" gegen die halbe Welt und zur Vernichtung der europäischen Juden entwickelte. Die gesamte Wirtschaft wurde auf die Kriegsproduktion ausgerichtet. Mit seiner aggressiven Politik isolierte sich das Reich international immer mehr, was die Rohstoffbeschaffung erschwerte. Es wurden sogar Schrottspenden gesammelt und unrentable Erze abgebaut, die einen sehr geringen Metallgehalt hatten. Da die Wehrmacht in einem Land nach dem anderen einfiel, kamen hingegen auch wichtige Rohstoffvorkommen direkt unter deutsche Kontrolle. Während immer mehr Deutsche bewaffnet durch Europa marschierten, mussten in zunehmendem Maße Zwangsarbeiter in Bergwerken und Fabriken schuften.

Zwangsläufig beschleunigten auch die Alliierten während des Zweiten Weltkriegs die Entwicklung der Waffensysteme und den Ausbau der Rüstungsindustrie. Die Sowjetunion zum Beispiel begann 1940 mit der Massenproduktion des Panzers T-34, von dem bis Kriegsende 50.000 Stück gebaut wurden. Die für den Flugzeugbau wichtige Aluminiumproduktion baute außer Deutschland vor allem die USA aus.

Beide Seiten tüftelten auch an neuen „Wunderwaffen", von Düsenflugzeugen über Raketen bis hin zur Atombombe, die aber erst am Ende des Krieges einsatzbereit waren. Dabei kamen auch ganz neue Materialien wie die ersten Superlegierungen (s.Abschn. 6.6) zum Einsatz. Auch das Element Uran, das durch Kernspaltung die Energie von Atombomben und Kernreaktoren liefert, ist ein Metall, allerdings wird es in Form von Uranoxid verwendet.

Nach dem Krieg lag Europa in Trümmern, dennoch waren viele Industrieanlagen intakt. Es begann ein lange anhaltender Aufschwung, und diesmal wurden auch im zivilen Bereich die Produktionskapazitäten ausgebaut. Bald konnten sich in den Staaten mit hohem Einkommen die meisten Haushalte Autos, Kühlschränke, Waschmaschinen und Farbfernseher leisten.

In deutlichem Kontrast zu den Konsumprodukten im Westen stand die Entwicklung in China, wo 1950 die kommunistische Partei unter Mao die Macht errungen hatte. Das einst technologisch weit fortgeschrittene Land hatte schon lange den Anschluss verloren. Mao wollte dies ändern und als ersten Schritt vor allem die Schwerindustrie massiv ausbauen. Im Gegensatz zur Sowjetunion sollte dies nicht auf Kosten der Bauernschaft in riesigen Kombinaten erfolgen, sondern durch die Bauern in winzigen Hochöfen in den Hinterhöfen. Mao glaubte, auf diese Weise in kurzer Zeit nicht nur die Produktion der Sowjetunion, sondern auch die Industrienationen überflügeln zu können. Die Partei legte aberwitzige Produktionsquoten fest, und im Sommer 1958 war ein großer Teil der Bevölkerung damit beschäftigt, Tausende Öfen aus Sand, Lehm und Ziegeln zu bauen, Erz oder Kohle zu schürfen, Holz zu sammeln und Stahl zu kochen. Leider mangelte es an erfahrenen Metallurgen, und ein guter Teil des Stahls hatte eine so schlechte Qualität, dass er nicht zu gebrauchen war. Gleichzeitig waren so viele Arbeitskräfte gebunden, dass die Feldarbeit vernachlässigt wurde und statt der erwarteten Rekordernte eine schwere Hungersnot folgte. Aus dem „Großen Sprung nach vorn" war ein herber Rückschlag geworden. Zu diesem Zeitpunkt ahnte noch niemand, dass China ein halbes Jahrhundert später tatsächlich der mit Abstand wichtigste Stahlproduzent sein sollte, der weit mehr als ein Drittel der Weltproduktion liefert.

Die Aufrüstung ging freilich auch nach dem Krieg weiter. Die einstigen Verbündeten, USA und Sowjetunion, wurden schnell zu größten Feinden, und die meisten Staaten der Welt scharten sich um eine der beiden Seiten. Durch Europa zog sich eine zunehmend unüberwindbare Grenzlinie, die Churchill schon früh als „Eisernen Vorhang" bezeichnet hatte. Von einigen Stellvertreterkriegen wie in Korea und in Vietnam abgesehen, war der „Kalte Krieg" vor allem ein Wettrüsten, das vor einem Angriff abschrecken sollte. Beide Seiten bauten in großer Menge ständig verbesserte Panzer, Flugzeuge, Schiffe und Raketen – und so viele Atomwaffen, dass sie theoretisch dazu ausgereicht hätten, die gesamte Menschheit gleich mehrfach zu vernichten. Für die immer schnelleren Kampfjets, präziseren Lenkwaffen und größeren U-Boote benötigte man neue Materialien mit herausragenden Eigenschaften. So erhielten „Supermetalle" wie Titan eine strategische Bedeutung (s. Abschn. 6.6).

Metalle und deren Verbindungen kamen aber auch zunehmend in Bereichen zur Anwendung, die man vielleicht nicht in einen Zusammenhang mit Metallen bringt: Viele Metalloxide und andere Verbindungen dienen als Farbpigmente, Silberhalogenide sind die Grundlage der analogen Fotografie, während die antibakterielle Wirkung des Metalls in Salben, Wasserfiltern und

Textilien ausgenutzt wird. Zinkoxid ist in Salben und in Sonnencreme enthalten. Zink, Natrium und Aluminium werden in der chemischen Industrie als Reduktionsmittel eingesetzt.

Katalysatoren sind ein weiteres Beispiel: Mit der in der Nachkriegszeit schnell zunehmenden Zahl an Autos nahm auch die von ihnen verursachte Abgasbelastung zu. Besonders problematisch waren Kohlenmonoxid, Stickoxide und unverbrannte Kohlenwasserstoffe. Der in den 1980er-Jahren eingeführte Drei-Wege-Katalysator wandelt diese schädlichen Stoffe in Kohlenstoffdioxid, Stickstoff und Wasser um. In der chemischen Industrie werden Katalysatoren für die Synthese der verschiedensten Substanzen verwendet. Ein Katalysator beschleunigt die Geschwindigkeit von chemischen Reaktionen, indem er einen energetisch günstigeren Reaktionsweg ermöglicht. Jede Reaktion benötigt einen speziellen Katalysator, der genau definierte Bedingungen benötigt (Temperatur, Druck und so weiter), um optimal zu funktionieren. Bei vielen handelt es sich um Feststoffe mit verschiedenen Metallen und Metalloxiden, an deren Oberfläche die flüssigen oder gasförmigen Edukte zu Zwischenprodukten abgebaut und zu neuen Verbindungen zusammengesetzt werden. Da die Oberfläche möglichst groß sein soll, sind aus Nanokugeln zusammengesetzte schwammartige Gebilde besonders gut geeignet. Bei Fahrzeugkatalysatoren werden die teuren Edelmetalle Platin, Rhodium und Palladium eingesetzt. Tatsächlich kommt nur ein winziger Teil der Platinförderung als Schmuck in die Juwelierläden oder als Platintiegel in Labors; der weitaus größte Teil fährt in Autos über die Straßen. Auch die Produktion von Salpetersäure im Oswald-Verfahren verwendet Katalysatoren mit Platingruppenelementen. Bei der Herstellung von Methanol ist es eine Mischung aus Kupfer, Kupferoxid, Zinkoxid und Chromoxid.

Während Hochöfen für die Stahlproduktion vor allem immer größer wurden, veränderte sich die Kupferverhüttung durch die Einführung eines völlig neuen Ofens. Im Schwebeschmelzverfahren (*flash melting*) nutzt man die Energie der chemischen Reaktionen, die ablaufen, während die Partikel durch heißes Gas fallen. Die neuen Anlagen sparen aber nicht nur Energie, sondern auch Zeit. Sie machen die Verarbeitung von wesentlich größeren Mengen möglich, als dies mit Schachtöfen oder Flammöfen realisierbar war. Ähnlich wie Hochöfen laufen die Anlagen im Dauerbetrieb; sie werden kontinuierlich von oben befüllt, und regelmäßig wird die Schmelze unten abgestochen. Das gemahlene Erzkonzentrat rutscht zusammen mit Zuschlagstoffen wie beispielsweise Quarzsand durch eine spezielle Röhre, in der es mit Luft verwirbelt. Die Mischung fällt durch einen Brenner, der sich in der Decke des eigentlichen Ofens befindet. Er ist wie eine Düse konstruiert, in der sich das mit Luft verwirbelte Konzentrat mit eingeblasenem heißem Wind vermischt. Dabei kann es sich einfach um heiße Luft handeln, effektiver ist der Ofen aber, wenn diese mit Sauerstoff angereichert ist. Die Mischung aus Erzpartikeln und heißem Gas sinkt anschließend durch den zylinderförmigen Reaktionsschacht des Ofens. Manche Sulfidpartikel entzünden sich und oxidieren zu SO_2 und Kupferoxid, was genug Wärme freisetzt, um alle Partikel aufzuschmelzen. Die Schmelztröpfchen fallen am Boden in ein Becken, in dem sich eine Schicht mit geschmolzener Kupfermatte (also Kupfersulfid) und darüber eine geschmolzene Schlackeschicht ansammeln. Das heiße Gas strömt waagrecht über die Schmelze und verlässt am anderen Ende des Beckens den Ofen. Es enthält nun viel SO_2, das zu Schwefelsäure verarbeitet wird. Die Schlacke hat einen relativ hohen Kupfergehalt, da sich in ihr das im Ofen gebildete Kupferoxid anreichert. Sie wird daher in einem anderen Ofen weiterverarbeitet. Die abgestochene flüssige Kupfermatte trifft auf einen Wasserstrahl, der sie zu einem Granulat abschreckt.

Die Reaktion der Kupfermatte zu Kupfer läuft in einem fast identischen Ofen ab, dem Konverter. Der eingeblasene Wind ist nun stark mit Sauerstoff angereicherte Luft oder gar reiner Sauerstoff. Nun oxidiert ein größerer Anteil der Sulfidpartikel, gleichzeitig reagiert in den Tröpfchen Kupfersulfid mit Kupferoxid zu elementarem Kupfer und SO_2. Diesmal sammelt sich im Becken unter der Schlacke eine Kupferschmelze an. Wenn das verwendete Erz einen hohen Kupfergehalt hat und gleichzeitig kaum Eisen enthält, können die beiden Schritte sogar zusammengefasst werden, und man erhält schon im ersten Ofen eine Kupferschmelze.

Die ersten derartigen Öfen waren ab 1949 in Finnland im Einsatz. Das Verfahren war damals noch nicht ganz ausgereift, unter anderem mussten die feuerfesten Ziegel alle zwei Monate erneuert werden, da sie den Bedingungen im Ofen nicht standhielten. Mit besseren Materialien und ausgefeilten Kühlsystemen ausgestattet können heutige Öfen mehr als ein Jahrzehnt kontinuierlich betrieben werden. Eine bessere Befüllung und optimierte Ofenform bis hin zur direkten Integration verschiedener Öfen brachte weitere Verbesserungen. Seit den 1970er-Jahren verdrängt das Verfahren in aller Welt die älteren Konzepte. Zum Teil wird es auch in der Nickelproduktion, seltener in der Bleiproduktion eingesetzt.

Im Bergbau lösten die immer größeren Fahrzeuge den Trend aus, lieber Erze mit geringem Metallgehalt abzubauen, wenn diese in großer Menge vorhanden und oberflächennah im Tagebau erreichbar sind, als kleine, tiefe Vorkommen von hochwertigen Erzen. Das Erz der größten Kupferlagerstätten beispielsweise, der sogenannten Kupferporphyre, enthält typischerweise weniger als 1 % Kupfer. Es kommt aber in gewaltigen Volumen von Dutzenden Kubikkilometern vor, in deren Gestein mehrere Millionen Tonnen Kupfer enthalten sind. Tagebaue wie Bingham Canyon in den USA und Chuquicamata in Chile haben Durchmesser von mehreren Kilometern und sind etwa 1000 m tief. Die Bagger und Muldenkipper, die diese gewaltigen Gesteinsmengen bewegen, sind so groß, dass Baustellenfahrzeuge daneben wie Sandkastenspielzeug aussehen.

Zudem laugt man immer häufiger Metalle mit Säuren oder anderen Chemikalien aus dem Erz und gewinnt sie anschließend aus der Lösung. Zum Beispiel kommt Gold häufig als winzig kleine Einschlüsse vor. Während im Kleinbergbau noch immer das Amalgamverfahren mit Quecksilber wichtig ist, lösen große Goldminen das Gold in hochgiftigen Cyaniden, aus denen es durch Zugabe von Zinkstaub wieder ausgefällt wird.

Die Laugung mit Schwefelsäure ist in Kupferlagerstätten attraktiv, die sowohl Kupfersulfide als auch oxidische Kupfererze enthalten. Die oxidischen Kupfererze werden auf einer präparierten Fläche ausgebreitet und mit Schwefelsäure besprenkelt. Kupfer und andere Metalle gehen in Lösung. Die verschiedenen Elemente werden durch Lösungsmittelextraktion getrennt, indem man spezielle organische Lösungsmittel einsetzt, die nur bestimmte Ionen aufnehmen. Anschließend kann das Kupfer durch *electrowinning* an einer Kathode abgeschieden werden. Bei Sulfiden funktioniert die Laugung nicht, aber bei deren Verarbeitung fällt als Nebenprodukt die benötigte Schwefelsäure an.

Um dennoch auch die in Sulfiden enthaltenen Metalle in Lösung zu bringen, können sie geröstet werden. Immer häufiger wird stattdessen jedoch das sogenannte *bioleaching* eingesetzt. Bestimmte Bakterien oxidieren Sulfide zu Sulfat und Eisen(II) zu Eisen(III). Sie leben auch in sauren Grubenwässern und sind für deren niedrigen pH-Wert und deren Schwermetallbelastung mit verantwortlich. Man schüttet das zerkleinerte Erz in spezielle Tanks oder zu Haufen auf und gibt die Bakterienstämme hinzu. Manchmal ist das auch direkt auf einer alten Halde möglich. Die Bakterien werden mit einer Nährlösung versorgt, unten wird eine metallreiche Lösung abgefangen. In beheizten Tanks ist das Verfahren vergleichsweise schnell, bei Haufen oder auf Halden dauert es ein Jahr oder länger. Es ist aber sehr kostengünstig, und so ist es möglich, auch aus Erzen mit sehr geringem Metallgehalt oder aus alten Bergbauhalden noch Metalle zu gewinnen.

Durch geophysikalische Methoden können heute auch im Untergrund verborgene Lagerstätten aufgespürt werden. Ausgewertet werden Variationen des Magnetfelds und des Schwerefelds der Erde, die Gammastrahlung und vor allem die Reaktion des Untergrunds auf elektrische Ströme und elektromagnetische Wellen. Viele Daten sammeln Flugzeuge und Satelliten, eine derartige Fernerkundung macht Orte ausfindig, an denen sich eine genauere Suche lohnt.

In der zunehmend globalisierten Wirtschaft sind Erzförderung, Verhüttung, Weiterverarbeitung und Konsum immer häufiger durch lange Transportstrecken getrennt. Während früher ein Hüttenwerk entweder in der Nähe der Erzförderung oder der Kohleförderung stand, reicht heute ein Seehafen und damit die Anbindung an den Weltmarkt aus. Die größten Stahlwerke stehen heute in China; sie importieren Erz beispielsweise aus Australien und exportieren Stahl in alle Welt. Aluminiumhütten befinden sich üblicherweise in Staaten mit günstiger elektrischer Energie, beispielsweise neben Wasserkraftwerken in Norwegen.

6.6 Titan und andere Supermetalle

Die hervorragenden Eigenschaften von Titan sprachen sich in der Nachkriegszeit vor allem unter Militärs herum. Das neue Supermetall machte ganz neue Waffensysteme möglich, sodass in Zeiten des Wettrüstens zwischen den USA und der Sowjetunion in beiden Staaten immer größere Mengen produziert wurden, obwohl der Preis des Metalls mit Silber vergleichbar war. Titan ist hart wie Stahl, wiegt aber nur die Hälfte. Es ist extrem hitzebeständig und damit auch für Düsentriebwerke oder die Spitzen von Raketen geeignet. Und es ist quasi immun gegen Korrosion durch Meerwasser. Besondere strategische Bedeutung hatte das Metall auf beiden Seiten des Eisernen Vorhangs beim Bau einer Flotte von Atom-U-Booten, die größer waren, tiefer tauchen konnten, nicht rosteten und an denen magnetische Minen nicht hafteten. Sie waren nur schwer zu entdecken und konnten zum Teil mit Nuklearsprengköpfen bestückte Raketen in der Nähe des Feindes starten. Mittlerweile ist das Metall auch bei zivilen Anwendungen angekommen: in den Düsentriebwerken von Passagierflugzeugen, bei medizinischen Implantaten, hochwertigen Sportgeräten und als Gehäuse für teure Uhren und Laptops.

Der hohe Preis des Metalls liegt nicht etwa daran, dass es sich um ein seltenes Element handelt, vielmehr ist die Verhüttung sehr aufwendig und mit einem hohen Energieverbrauch verbunden. Das Verfahren wurde bereits Ende der 1930er-Jahre vom luxemburger Metallurgen William Justin Kroll entwickelt und 1940 in den USA patentiert. In diesem Jahr floh Kroll vor den Deutschen in die USA und entwickelte dort verschiedene Titanlegierungen. Kurz nach dem Ende des Zweiten Weltkriegs entdeckte ein Geologe eines US-Konzerns in Kanada riesige Titanlagerstätten, später kamen weltweit weitere Vorkommen hinzu. Trotz aller Versuche konnte aber bis heute kein besseres Herstellungsverfahren entwickelt werden.

Es gibt zwei wichtige Titanerzminerale, Ilmenit ($FeTiO_3$) und Rutil (TiO_2). Ilmenit wird in einem ersten Schritt zu TiO_2 umgewandelt. Das ist in einem Lichtbogen mit Kohlenstoff möglich. Ein Lichtbogen bildet sich, wenn zwischen zwei Elektroden eine so hohe Spannung angelegt wird, dass elektrischer Strom durch das Gas dazwischen fließt und das Gas dabei ionisiert wird. In diesem Plasma herrschen extrem hohe Temperaturen. Bei der Verarbeitung von Ilmenit sammelt sich am Boden des Ofens flüssiges Eisen an, das von Zeit zu Zeit abgestochen wird. Alternativ kann das Erz auch in Säure gelöst und daraus TiO_2 ausgefällt werden. Das TiO_2 wird mit Chlor und Koks bei Temperaturen knapp unter 1000 °C zu Titantetrachlorid umgesetzt. Dabei handelt es sich um eine farblose, stechend riechende Flüssigkeit. Diese wird durch fraktionierte Destillation gereinigt und dann unter einer Schutzatmosphäre bei Temperaturen knapp unter 1000 °C mit Magnesium zu Titan reduziert, wobei geschmolzenes Magnesiumchlorid entsteht. Die Herstellung des benötigten Magnesiums ist allerdings ebenfalls ein sehr energieintensiver Prozess.

Das Ergebnis des Kroll-Verfahrens ist ein poröser und spröder sogenannter Titanschwamm. Er enthält noch Magnesiumreste und andere Verunreinigungen, die mit Salzsäure gelöst oder durch aufwendigere Verfahren entfernt werden. Anschließend muss der Titanschwamm durch Drehen ausgeschmiedet werden.

Bei sehr hohen Temperaturen sind spezielle Nickellegierungen resistenter und härter als Titan. Unter dem Begriff Superlegierungen versteht man Legierungen, die für den Einsatz unter Extrembedingungen wie in Düsentriebwerken, Gasturbinen, in Anlagen der chemischen Industrie und bei Bohrinseln optimiert sind. Sie bestehen aus Metallen wie Nickel, Chrom, Kobalt, Titan, Vanadium und Molybdän in unterschiedlichen Kombinationen. Es gibt eine Vielzahl solcher Legierungen, die unter Markennamen gehandelt werden und sehr teuer sind. Meist ist entweder Nickel oder Kobalt das Hauptelement, zusammen mit einer Reihe weiterer Elemente in genau abgestimmter Menge.

Ein Düsentriebwerk beispielsweise wird aus verschiedenen Teilen zusammengesetzt, die sehr unterschiedliche Eigenschaften aufweisen müssen. Manche Teile müssen sehr hohe Temperaturen und einen hohen Druck aushalten, ohne sich zu verformen, und dabei auch resistent gegenüber Oxidation und Materialermüdung bleiben. Besonders hohe Anforderungen stellen die rotierenden Turbinenschaufeln, die bei einer Temperatur von deutlich über 1000 °C noch starken Kräften ausgesetzt sind. Bei anderen Anwendungen steht die Resistenz gegenüber bestimmten Chemikalien im Vordergrund.

Bei den extremen Anforderungen an die Eigenschaften ist es offensichtlich, dass diese Legierungen nicht leicht zu bearbeiten sind; viele lassen sich nicht schmieden und nur unter großem Aufwand gießen (Sims 1984). Bei der Entwicklung kommt es somit nicht nur darauf an, die richtigen Mischungsverhältnisse zu finden, sondern auch Verfahren zu entwickeln, das Material zum Beispiel zu einer Turbinenschaufel zu formen. Mehr noch als bei anderen

Legierungen beruhen die Materialeigenschaften nicht nur auf dem genauen Mischungsverhältnis der beteiligten Elemente, sondern vor allem darauf, in welchen Phasen sie sich letztlich befinden und wie diese in einem Mikrogefüge angeordnet sind. Ganz ähnlich wie bei Stahl, wo Phasen wie Ferrit, Austenit und Zementit wichtig sind, kann eine Superlegierung auf Nickelbasis Phasen wie γ (Ni in einem Kristallgitter, das Austenit ähnelt), γ' (Zusammensetzung $Ni_3(Al, Ti)$ in einem Kristallgitter, das demjenigen von Gamma ähnelt) sowie Chromphasen, verschiedene Carbide und so weiter enthalten. Die Phase γ' hat die herausragende Eigenheit, auch bei sehr hoher Temperatur knapp unterhalb des Schmelzpunkts hart zu bleiben. Welche Phasen sich in welchem Gefüge ausbilden, hängt zum einen mit den Mischungsverhältnissen der Elemente zusammen, zum anderen mit den genauen Bedingungen während der Verarbeitung und Abkühlung.

Eine Legierung aus 80 % Nickel und 20 % Chrom wurde bereits Anfang des Jahrhunderts patentiert; ihre Eigenschaften waren aber noch mit hochwertigen Stahlsorten vergleichbar. In den 1930er-Jahren schafften es Metallurgen in England, Deutschland und in den USA, wesentlich resistentere Nickel- und Kobaltlegierungen zu erzeugen, indem sie weitere Elemente wie Titan und Aluminium dazugaben, sodass sich auch die Phase γ' bildete. Bald hoben die ersten experimentellen Düsenflugzeuge ab, im Zweiten Weltkrieg setzte das Deutsche Reich bereits einen in Serie gebauten „Düsenjäger" ein. In den USA arbeitete man derweil als Grundlage für eigene Flugzeuge an noch besseren Zusammensetzungen, die außerdem weitere Elemente wie Wolfram und Molybdän enthielten.

Eine wesentliche Verbesserung war um 1950 die Einführung des Vakuumschmelzens. Das Vakuum im Ofen und beim Guss verhindert, dass die Schmelze Sauerstoff und Stickstoff aus der Luft aufnimmt. Die Hitze wird mit Induktionsspulen oder durch einen Lichtbogen erzeugt. Auch sonstige Verunreinigungen konnten nun vermieden werden; somit war es erstmals möglich, die Zusammensetzung der Legierung exakt zu kontrollieren. Bald begann man zudem, mit komplizierten zusammengesetzten Gussformen zu arbeiten; so erhielten Gasturbinenschaufeln nun Kanäle zur Kühlung.

Die 1960er- und 1970er-Jahre brachten in schneller Folge weitere Innovationen. Eine herausragende Idee war es, die Abkühlung der Schmelze so zu kontrollieren, dass die kristallografischen Achsen der Phasen in der gewünschten Richtung liegen. Den Anfang machte die gerichtete Erstarrung (*directional solidification*, DS): Man kühlt den Boden der Gussform und verringert nur langsam die Hitze. Dabei wandert eine Kristallisationsfront vom Boden der Form nach oben. Da bestimmte kristallografische Richtungen schneller wachsen, bilden sich exakt orientierte säulenförmige Kristallite. Später formte man den unteren Teil der Gussform so, dass sie eine speziell geformte Engstelle aufwies, den *grain selector*. Kühlt man nun wie beschrieben ab, wächst nur ein Kristallit durch die Engstelle hindurch und die Schmelze erstarrt im Hauptteil der Gussform zu einem Einkristall. Auf diese Weise züchtet man zum Beispiel einkristalline Gasturbinenschaufeln.

Spezielle Hitzebehandlungen waren eine weitere neue Möglichkeit, um die Mikrostruktur der Kristallite zu beeinflussen. Besonders wichtig ist die Ausscheidungshärtung (*precipitation hardening*), denn eine Superlegierung kann nicht mit Hammer und Amboss gehärtet werden. Stattdessen nutzt man aus, dass die Löslichkeit bestimmter Legierungselemente in den Phasen der Legierung temperaturabhängig ist. Die Diffusion dieser Elemente im Festkörper sorgt für eine Umverteilung, bis ein chemisches Gleichgewicht erreicht ist. Das geschieht allerdings nur bei einer ausreichenden Temperatur, da sonst die Diffusion zu langsam ist. Als Erstes glüht man ein Werkstück aus einer speziellen Legierung bei einer genau definierten Temperatur, bei der es zu einer Rekristallisation kommt und das entscheidende Element in einer der Hauptphasen gelöst ist. Anschließend wird das Werkstück abgeschreckt, um diesen Zustand quasi einzufrieren. Dann wird es für längere Zeit einer erhöhten Temperatur ausgesetzt, bei der die Diffusion einsetzt. Da nun der Gehalt des betreffenden Elements in der Hauptphase höher ist als seine Löslichkeit bei der gegebenen Temperatur, diffundiert es zu den Korngrenzen, bei denen eine neue Phase kristallisiert – zum Beispiel γ' in einer Matrix aus γ. Schließlich entwickelte man auch spezielle Beschichtungen, mit denen Teile aus Superlegierungen, die bereits bestimmte Anforderungen erfüllen, besser an die Bedingungen ihrer Umgebung angepasst werden können.

Leichte Metalle sind für den Bau von schnellen Flugzeugen und Raketen ebenfalls wichtig. Zum Einsatz kommen Aluminiumlegierungen, die beispielsweise auch Kupfer, Magnesium, Mangan, Silizium, Zinn und Zink enthalten. Auch hier gibt es viele verschiedene Zusammensetzungen mit unterschiedlicher Härte, Verformbarkeit und Dichte, was sie für unterschiedliche Anwendungen geeignet macht. Manche sind für bestimmte Bearbeitungsverfahren wie das Stranggießen optimiert, andere sind schmiedbar. Die ersten Aluminiumlegierungen wurden schon zu Beginn des 20. Jahrhunderts produziert, viele weitere kamen während des Zweiten Weltkriegs und in den darauffolgenden Jahrzehnten hinzu.

Eine Aluminiumlegierung mit Beryllium zum Beispiel ist so hart wie Stahl, aber leichter als Aluminium und zugleich sehr hitzebeständig. Allerdings ist Beryllium extrem teuer und sehr giftig, was die Anwendung deutlich einschränkt. Es gibt nur zwei Erzminerale, die relativ selten sind: Beryll und Bertrandit, wobei Beryll besser als Edelstein unter den Namen Smaragd und Aquamarin bekannt ist.

Günstiger sind Aluminiumverbindungen mit Magnesium; sie haben zwar nicht ganz so hervorragende Eigenschaften, sind aber ebenfalls leichter als Aluminium. Reines Magnesium ist hingegen nicht zu gebrauchen, da es extrem leicht mit einer starken Wärmeentwicklung oxidiert.

Zirkalloy ist eine weitere Gruppe von Speziallegierungen, die typischerweise zu mehr als 95 % aus dem Metall Zirkonium (Zr) bestehen. Sie sind hart und sehr korrosionsresistent, die wichtigste Eigenschaft ist jedoch, dass thermische (langsame freie) Neutronen das Metall leicht durchdringen können. Aus diesem Grund werden daraus die Hülsen der Brennstäbe in Kernkraftwerken gefertigt.

6.7 Computer, Mobiltelefone und Akkus

Die Mikroelektronik und die damit ermöglichte „Digitale Revolution" haben in den letzten Jahrzehnten des 20. Jahrhunderts unser Leben ähnlich tiefgreifend verändert wie die Industrielle Revolution ein Jahrhundert zuvor. Die ersten einfachen Computer gab es bereits während des Zweiten Weltkriegs, aber sie waren so groß wie ein Zimmer, schwer zu bedienen und konnten nur kleine Datenmenge in geringer Geschwindigkeit verarbeiten. In den 1950er-Jahren begannen Transistoren aus Halbleitern, die wesentlich größeren Elektronenröhren in Radios, Verstärkern und Funkgeräten zu ersetzen. Eine radikale Beschleunigung begann in den 1980er-Jahren mit den ersten in Serie produzierten Heimcomputern und einer immer weiter fortgeschrittenen Automatisierung in der Industrie. Immer größere Datenmengen können mit Computern verarbeitet werden, egal ob es sich um Arbeitsabläufe von Maschinen, Personaldatenbanken, Flugbahnen von Raketen oder Videoschnitte dreht. Im Zentrum steht dabei natürlich das Halbmetall Silizium. Streng genommen hat ein Halbmetall in einem Buch über Metalle nichts verloren, die moderne Mikroelektronik verbraucht aber auch einige Metalle, und zwar nicht nur Kupfer.

Halbleiter sind Stoffe mit bestimmten elektrischen Eigenschaften, die sich sowohl von elektrischen Leitern als auch von elektrischen Isolatoren unterscheiden. Das liegt an ihrer Elektronenkonfiguration: Sie haben nur eine kleine Bandlücke zwischen dem mit Elektronen gefüllten Valenzband und dem normalerweise leeren Leitungsband. Durch eine geringe Energiezufuhr (Wärme, Licht) können Elektronen diese Bandlücke überspringen und sind im Leitungsband frei beweglich (n-Leitung). Dem betroffenen Atom fehlt nun ein Elektron. Dieses „Elektronenloch" kann durch ein Elektron aus dem Valenzband eines Nachbaratoms gefüllt werden, was bei diesem ein „Elektronenloch" hinterlässt. Diese Wanderung von „Elektronenlöchern"

entspricht der Bewegung einer positiven Ladung (p-Leitung). Zu den Halbleitern zählen Halbmetalle wie Silizium (Si) und Germanium (Ge), aber auch
zahlreiche Verbindungen wie Galliumarsenid (GaAs), Galliumnitrid (GaN),
Galliumphosphid (GaP) und Zinkselenid (ZnSe). Durch eine Dotierung –
eine gezielte Verunreinigung des Stoffes mit Fremdatomen mit einer anderen
Wertigkeit – kann der Halbleiter mit zusätzlichen Ladungsträgern ausgestattet
werden. Durch die Kombination unterschiedlich dotierter Bereiche werden
Bauteile wie Dioden und Transistoren möglich.

Silizium ist der am häufigsten verwendete Halbleiter, mit einer für viele
Anwendungen günstigen Bandlücke, einem vergleichsweise günstigen Preis
und chemischen Eigenschaften, die eine Dotierung leicht machen. Es steckt
in Transistoren, Mikrochips und Solarzellen. Auf aktuellen Computerchips
befinden sich Schaltkreise mit mehreren Milliarden Transistoren, die nur
einige Nanometer groß sind. Diese werden auf einer aus einem Einkristall
geschnittenen Scheibe, dem *Wafer*, hergestellt. Mit Fotolack und einer foto-
grafischen Belichtung wird eine Maske erzeugt, danach wird an den un-
belichteten Bereichen eine Schicht weggeätzt. Lokale Dotierungen können
durch Ionenbeschuss vorgenommen werden, Leiterbahnen aus Kupfer werden
lithografisch aufgedruckt.

Der Rohstoff für Silizium ist Quarzsand (SiO_2), der zusammen mit Kohle
in einen speziellen Lichtbogenofen gegeben wird. Im sehr heißen elektrischen
Lichtbogen entsteht eine Siliziumschmelze zusammen mit Kohlenmonoxid.
Die Halbleiterindustrie benötigt jedoch hochreines Silizium; das Rohsilizium
muss erst aufwendig gereinigt werden. Das Silizium kann mit HCl zu flüssigem
Trichlorsilan umgesetzt werden, das destilliert wird und sich bei großer Hitze
wieder zersetzt. Ein weiterer Schritt ist das Tiegelziehen. Man züchtet einen
Einkristall, indem man einen rotierenden Impfkristall in die Schmelze taucht
und dann langsam aus dieser hinauszieht. Die meisten Verunreinigungen
bleiben in der Schmelze. Es ist auch möglich, eine Schmelzzone mehrfach
durch einen Siliziumstab zu bewegen, wobei sich Verunreinigungen an den
beiden Enden anreichern.

Für spezielle Bauteile wie Leuchtdioden, Laserdioden und Hochfrequenz-
bauteile sind Halbleiter mit besonderen Eigenschaften notwendig, wie GaAs,
GaN und GaP. So hängt beispielsweise die Farbe einer Leuchtdiode von
der Größe der Bandlücke ab. Für diese Halbleiter werden wiederum andere
Elemente als passende Dotierung benötigt. Eine Besonderheit ist Indium-
Zinn-Oxid (etwa 90 % In_2O_3, 10 % SnO_2), da es sich um einen transparenten
Halbleiter handelt. Damit können Flachbildschirme, Touchscreens und
Dünnschichtsolarzellen gebaut werden. Indium ist ein seltenes Metall, das in
manchen Zinkerzen in geringer Konzentration enthalten ist. Halbleiter mit
Selen wie As_2Se_3 sind bei Lichteinfall elektrisch leitend und werden für Foto-

zellen und die Belichtungstrommeln in Laserdruckern und Fotokopierern verwendet. Aber auch andere „Gewürzmetalle" werden benötigt, beispielsweise enthalten Speichermedien wie CD-RW Legierungen wie Silber-Indium-Antimon-Tellur.

Gold und Silber sind mit der Halbleitertechnik auch als elektrische Leiter wichtig geworden. Silber hat die höchste elektrische Leitfähigkeit; man verwendet dieses Edelmetall aus diesem Grund für die Leiterbahnen auf Solarzellen. Gold ist zwar weniger leitfähig als Kupfer, korrodiert aber nicht und wird darum für die Kontakte von Mikrochips eingesetzt.

Ein regelrechtes Supermetall der Mikroelektronik ist Tantal (Ta). Es hat eine extrem hohe elektrische Kapazität, also die Fähigkeit, elektrische Ladung zu speichern. Gleichzeitig ist es sehr korrosionsbeständig und kann zu hauchdünnen Folien ausgewalzt werden. Damit sind kleine, leistungsfähige elektrische Kondensatoren (Elkos) möglich, die in jedem Computer und jedem Mobiltelefon stecken. Der Rohstoff ist unter dem Namen „Coltan" bekannt, eine Bezeichnung für die Mischungsreihe der Minerale Columbit und Tantalit mit der Zusammensetzung $(Fe, Mn)(Ta, Nb)_2O_6$. Es wird nicht nur in modernen Minen in Australien, Brasilien, Kanada und China abgebaut, sondern auch in großer Menge in Handarbeit in kleinen Gruben in Zentralafrika. Das sogenannte „Blut-Coltan" war im kongolesischen Bürgerkrieg 1997–1999 eine wichtige Einnahmequelle der Warlords, um den Krieg zu finanzieren. Der Preis des Metalls schwankt sehr stark, damals war er besonders hoch, weil die Mikroelektronik boomte und nicht schnell genug neue Minen erschlossen werden konnten.

Um mobile Geräte zu betreiben, werden Batterien oder wiederaufladbare Akkus benötigt, die ebenfalls verschiedene Metalle enthalten. Im Prinzip sind Batterien und Akkus galvanische Zellen und funktionieren ähnlich wie die erste Batterie, die Voltasche Säule (s.Abschn. 6.3). Diese war aber noch so groß, dass man sie eher auf den Labortisch stellte, als sie in ein Gerät einzubauen. Durch die Wahl besserer Elektrodenmaterialien, den dazu am besten passenden Elektrolyten und eine Optimierung des inneren Aufbaus können Batterien und Akkus hergestellt werden, die wesentlich kleiner und leistungsfähiger sind.

Noch relativ groß und schwer, aber recht leistungsfähig, günstig und vor allem wiederaufladbar sind die klassischen Autobatterien, mit einer Blei- und einer Blei(IV)-Oxid-Elektrode in verdünnter Schwefelsäure. Der weitaus größte Teil der Bleiförderung wird heute für Autobatterien gebraucht.

Die meisten nicht aufladbaren Batterien sind heute Alkalibatterien („Alkaline"). Sie besitzen eine Kathode aus Manganoxid, eine Anode aus Zinkpulver und dazwischen als Elektrolyt eine zinkhaltige Kalilauge. Früher nutzte man weniger leistungsfähige Zellen mit Zink und Kohle.

Als aufladbare Variante waren lange Zeit Nickel-Kadmium-Akkus verbreitet, die nicht unproblematisch waren, da Kadmium hochgiftig ist. Sie wurden durch die unproblematischen und zugleich leistungsfähigeren Nickel-Metallhydrid-Akkus ersetzt, die uns in Abschn. 6.8 nochmals begegnen werden, da das Metallhydrid ein Seltenerdelement enthält.

Die derzeit besten Akkus sind Lithium-Ionen-Akkus; sie haben eine sehr hohe Energiedichte und weisen keinen Memoryeffekt auf. Daher werden sie beispielsweise in Handys, Kameras und Elektroautos eingesetzt. Sie haben eine positive Elektrode aus $LiCoO_2$ oder einer ähnlichen Verbindung, während die negative Elektrode meist aus Grafit besteht. Dazwischen befindet sich eine Elektrolytlösung mit Lithiumsalzen. Lithium ist das leichteste Metall, mit der Ordnungszahl 3 steht es im Periodensystem der Elemente direkt unter Wasserstoff. Im Gegensatz zu anderen Metallen wird es zum allergrößten Teil nicht aus einem Gestein gewonnen, sondern aus dem extrem salzigen Wasser, das aus Salzpfannen gepumpt wird. Am bedeutendsten ist derzeit der Salar de Atacama, eine riesige Salzfläche in der Atacamawüste in Chile. Nur sehr wenig Grundwasser fließt in das Becken und verdunstet dort, während die gelösten Ionen ausfallen und eine weite Fläche aus überwiegend festem Kochsalz (Halit, NaCl) und Gips bilden. Andere Salze wie Kaliumchlorid, Magnesiumchlorid und vor allem Lithiumchlorid sind wesentlich leichter löslich und bleiben in der Sole, die sich in kleinen Mengen innerhalb der obersten 30 m des Salzes in Rissen und Poren befindet. Diese wird in Verdunstungsbecken gepumpt, wo nacheinander zunächst große Mengen Kalisalz und Magnesiumchlorid anfallen und schließlich eine kleine Menge Lithiumchlorid übrig bleibt.

6.8 Seltene Erden

Die Seltenerdelemente (SEE, *rare earth elements*, REE) haben es in den letzten zehn Jahren so häufig in die Presse gebracht, dass zumindest die Kurzform des Namens, Seltene Erden, allgemein bekannt ist. Dabei handelt es sich um 17 Elemente, nämlich Scandium (Sc), Yttrium (Y) und die komplette Reihe von Lanthan (La) bis Lutetium (Lu), die in der Regel quasi als Fußnote unter das Periodensystem der Elemente gedruckt wird und in der sich unter anderem auch Cer (Ce), Praseodym (Pr), Neodym (Nd), Samarium (Sa), Europium (Eu), Gadolinium (Gd) und Terbium (Tb) befinden. In der Erdkruste sind sie in deutlich größerer Menge vorhanden, als der Name nahelegt, selten sind nur die wirtschaftlich lohnenden Vorkommen. Cer, das häufigste unter ihnen, ist in der Erdkruste sogar in größerer Menge enthalten als Kupfer; Yttrium, Lanthan und Neodym sind grob halb so häufig. Die seltensten Seltenen Erden sind noch immer weit häufiger als die Edelmetalle.

Während es bei den physikalischen Eigenschaften wichtige Unterschiede gibt, ist das chemische Verhalten der Seltenerdelemente nahezu gleich. Entsprechend kommen sie in der Natur immer zusammen vor, und zwar in Mineralen wie Monazit, (La, Ce, Nd, Sm, Th)PO_4, Bastnäsit, (Ce, La, Y, Nd)CO_3F, Xenotim, (Y, Yb)PO_4, und einigen eher exotischen Mineralen. Allerdings sind in bestimmten Mineralen die leichten Seltenen Erden in größerer Menge enthalten (Cer, Lanthan, Neodym und so weiter in Monazit und Bastnäsit), während in anderen Mineralen die schwereren Seltenen Erden stärker angereichert sind (vor allem Yttrium mit geringerer Menge Ytterbium, Erbium, Dysprosium und so weiter, beispielsweise in Xenotim). Für den Abbau problematisch ist, dass die Erzminerale immer auch kleine Mengen radioaktiver Elemente enthalten. Das gilt insbesondere für Monazit, der auch Thorium enthält.

Das sehr ähnliche Verhalten dieser Elemente bei gleichzeitig äußerst unterschiedlichen physikalischen Eigenschaften ist auf die ungewöhnliche Elektronenkonfiguration zurückzuführen. Die 6s-, 4f- und 5d-Orbitale haben sehr ähnliche Energieniveaus. Mit steigender Ordnungszahl sind die sieben 4f-Orbitale mit immer mehr Elektronen gefüllt, die aber nicht zur äußersten Schale gehören. Während die immer gleich gefüllte äußerste Schale als Leitungsband dient und für das chemische Verhalten zuständig ist, bewirken die Elektronen in den strikt lokalisierten und unterschiedlich gefüllten 4d-Orbitalen die speziellen optischen und magnetischen Eigenschaften.

Das größte Problem bei der Herstellung dieser Metalle ist es, die einzelnen Seltenen Erden zu trennen. Anfangs machte man dies mit Fällungsreaktionen, aber aufgrund des sehr ähnlichen chemischen Verhaltens musste man sehr viele Reaktionen nacheinander durchführen, um eines der Elemente zu isolieren. Freundliche Ausnahmen sind Cer und Europium, die anders als die anderen Seltenen Erden nicht nur dreiwertige Ionen bilden, sondern auch Ce^{4+} und Eu^{2+}. Bei den störrischsten Seltenen Erden waren hingegen Tausende Schritte nötig.

Kein Wunder, dass die Entdeckungsgeschichte dieser Elemente ziemlich lange gedauert hat: Yttrium entdeckte der finnische Chemiker Johan Gadolin bereits 1794 in dem später nach ihm benannten Mineral Gadolinit. Als Nächstes folgte Cer, das 1803 drei Chemiker unabhängig voneinander in einem anderen Mineral namens Cerit aus einer schwedischen Mine namens Bastnäs entdeckten. Allerdings konnte man bisher nur die jeweiligen Oxide gewinnen, weshalb sich die Bezeichnung „Erden" einbürgerte. Und genau genommen handelte es sich in beiden Fällen um Mischungen mit weiteren Elementen, die im folgenden Jahrhundert Schritt für Schritt weiter getrennt wurden. Immer wieder glaubten Forscher, eine Mischung in zwei Elemente aufgeteilt zu haben – bis sich eines der scheinbaren Elemente wieder als eine

Mischung herausstellte. Mehrfach wurden sogar Elemente beschrieben, die es überhaupt nicht gibt. Nach dem Cer dauerte es 40 Jahre, bis der schwedische Chemiker Carl Gustav Mosander feststellte, dass in den beiden Mineralen noch weitere Elemente vorhanden sind, von denen er gleich drei entdeckte. Ihm gelang es auch erstmals, mit Cer ein Seltenerdelement als tatsächliches Element herzustellen. Erst 1906 war mit Lutetium das letzte stabile Seltenerdelement entdeckt, ebenfalls durch drei Forscher gleichzeitig. Und das radioaktive Promethium, das sehr schnell zerfällt und zu nichts zu gebrauchen ist, folgte sogar erst 1945 durch amerikanische Atomforscher.

Gehandelt werden Seltene Erden als Oxide in unterschiedlichen Reinheitsgraden, die sich stark im Preis unterscheiden, oder gleich als Mischung. Bei vielen Anwendungen reicht eine Mischung aus, was deutlich günstiger ist. Bei den meisten Anwendungen werden sie nicht in Form von Metallen eingesetzt, sondern als Verbindungen. Die Nachfrage nach bestimmten Seltenen Erden ist besonders hoch; im Bergbau werden jedoch alle gleichzeitig gewonnen und das Angebot hängt von den jeweiligen Verhältnissen im Erz ab.

Im Alltag fanden die Seltenen Erden schon erstaunlich früh Verwendung, nämlich ab 1884 in Form von Glühstrümpfen, die der Österreicher Carl Auer von Welsbach erfand (Adunca 2000). Er war auch der Entdecker der Elemente Praseodym, Neodym und (gleichzeitig mit anderen) Lutetium und verbrachte entsprechend viel Zeit damit, diese Gruppe von Elementen zu untersuchen. Dabei stellte er fest, dass Seltenerdverbindungen im Bunsenbrenner sehr hell leuchten: Durch Wärme angeregt strahlen sie sichtbares Licht ab (Candolumineszenz). Er tränkte Baumwollstrümpfe mit Lösungen, die Seltenerdnitrate enthielten. In einer Gaslampe über die Flamme gestülpt verbrannte die Baumwolle, und es blieb ein feines Gerüst aus Oxiden zurück. Damit wurden Gaslaternen nicht nur heller, sie verbrauchten zugleich weniger Gas, es handelte sich sozusagen um die erste Energiesparlampe. Eine Mischung, die überwiegend Thorium und 1 % Cer enthielt, funktionierte am besten. Bald bestellten Großstädte seine Glühstrümpfe in großer Stückzahl, und er baute die weltweit erste Seltenerdindustrie auf. Als Rohstoff diente Monazitsand aus Brasilien, der viel Cer und Thorium enthielt, zusammen mit den anderen Seltenerdelementen. Interessanterweise verbesserte Carl Auer von Welsbach auch die mit Gaslampen konkurrierende elektrische Glühbirne (s. Abschn. 6.5).

Da für die Glühstrümpfe deutlich mehr Thorium als Cer nötig war, sammelten sich große Halden mit Seltenen Erden auf dem Firmengelände an und Carl Auer von Welsbach machte sich auf die Suche nach einer Verwertungsmöglichkeit. 1904 erfand er den Zündstein, der noch heute in unseren Feuerzeugen steckt. Dabei handelt es sich nicht um einen Stein, sondern um eine

Legierung mit etwa 70 % Cer und 30 % Eisen, die Auermetall genannt wird und aus der leicht Funken geschabt werden können.

Nach dem Zweiten Weltkrieg begann man, andere Verfahren zur Trennung der Seltenen Erden einzusetzen. Die Verfahren sind auch heute noch aufwendig, aber es sind nur noch Hunderte Schritte notwendig, und es können dabei größere Mengen verarbeitet werden. Zunächst löst man das Erz in einer geeigneten Chemikalie auf, Bastnäsit zum Beispiel in Salzsäure, Monazit in Schwefelsäure oder in Natronlauge. Um die Seltenen Erden von anderen Elementen wie Eisen, Uran und Thorium zu trennen, fällt man sie zunächst als Sulfate aus und löst den Feststoff erneut.

Ein Ionenaustauscher ist ein mit Polymerkügelchen gefüllter Glaskolben, durch den man eine Lösung fließen lässt, wobei die Seltenen Erden und andere Ionen an den Kügelchen hängen bleiben. Anschließend wäscht man die Ionen mit verdünnter Zitronensäure wieder aus. Je nach pH-Wert der Säure gehen dabei die verschiedenen Seltenen Erden unterschiedlich schnell in Lösung. Die neue Lösung enthält noch immer eine Mischung, aber je nach pH-Wert der Säure in anderen Verhältnissen. Die verschiedenen Elemente können daher Schritt für Schritt angereichert werden.

Die Solventextraktion ist besser zur Verarbeitung von großen Mengen geeignet. In diesem Verfahren gibt man der Lösung organische Lösungsmittel hinzu, die spezielle Verbindungen enthalten, sogenannte Extraktionsmittel. Diese nehmen bestimmte Seltene Erden stärker auf als andere. Das organische Lösungsmittel wird dann aus der übrigen Lösung ausgeschüttelt. Mit verschiedenen Extraktionsmitteln und einer wiederholten Anwendung können so ebenfalls die einzelnen Elemente immer weiter angereichert werden.

Nachdem Geologen in Kalifornien nahe des Ortes Mountain Pass ein großes Vorkommen von Bastnäsit entdeckt hatten, wurde dies für lange Zeit die wichtigste Mine für Seltene Erden. Man interessierte sich zunächst vor allem für das nur in geringer Menge enthaltene Element Europium. Wird Eu^{3+} energetisch angeregt, beispielsweise auf dem Bildschirm einer Fernsehröhre, leuchtet es rot. Das machte die Herstellung von Farbfernsehern erst möglich, da man bisher nur in anderen Farben leuchtende Phosphore kannte, zur additiven Farbdarstellung aber die Kombination Rot-Grün-Blau benötigt wird.

Die starke Lumineszenz der Seltenen Erden in unterschiedlicher Farbe ist für viele Anwendungen wichtig. Mit Eu^{2+} können auch blaue, mit Terbium als Tb^{3+} grüne Pixel dargestellt werden. Die grünen, lange nachleuchtenden Radarbildschirme verwenden Gadolinium. Der Glaskolben von Energiesparlampen ist mit verschiedenen Seltenen Erden beschichtet, die UV-Strahlung in sichtbares Licht umwandeln.

Der Yttrium-Aluminium-Granat ist ein synthetischer Edelstein mit vielen technischen Anwendungen. Mit Cer dotiert gibt er gelbes Licht ab, wenn er mit anderen Wellenlängen angeregt wird. Dies wird zur Farbänderung in Leuchtdioden und Lampen und in verschiedenen Detektoren verwendet, zum Beispiel im PET-Scanner in der Medizin. Ein mit Neodym dotierter YAG ist hingegen der wichtigste Festkörperlaser; er wird beispielsweise in der Industrie zum Schneiden und Schweißen eingesetzt.

Eine weitere Anwendung der Seltenen Erden sind Katalysatoren. Mit Cer und weiteren Seltenen Erden dotierte Zeolithe helfen dabei, die Moleküle von Schweröl zu kleineren Molekülen zu cracken. Eine andere Mischung mit ebenfalls viel Cer kommt in Fahrzeugkatalysatoren zum Einsatz. In Brennstoffzellen und bei anderen Anwendungen dient Lanthan-Perowskit als Katalysator.

Die mit Abstand stärksten Dauermagnete sind Neodym-Eisen-Bohr-Magnete, die üblicherweise noch weitere Seltene Erden wie Praseodym enthalten. Sie finden sich in besonders leistungsfähigen Generatoren, beispielsweise in Windturbinen, in den Elektromotoren von Bohrmaschinen, Hybridautos und Computerfestplatten, in Kopfhörern und Boxen, magnetischen Verschlüssen und Lenksystemen von Raketen.

Auch die Glas- und Keramikindustrie benötigt Seltene Erden. Eine große Menge wird dazu verwendet, Glas zu polieren. Das Poliermittel wirkt dabei nicht nur mechanisch, sondern auch chemisch auf die Oberfläche ein, indem es das Glas löst. Eine Dotierung von Glas mit bestimmten Seltenen Erden kann die Eigenschaften verändern, zum Beispiel um bestimmte Wellenlängen zu absorbieren (UV-Filter, Autoscheiben) oder zu verstärken (Glasfaserkabel), um die Festigkeit zu verbessern (in Computerfestplatten), oder zum Färben und Entfärben. Manche technische Keramiken enthalten ein Seltenerdelement als Dotierung.

Lanthan dient in Form einer Verbindung wie $LaMg_2NiH_7$ in Nickelmetallhydrid-Akkus als Elektrode, die andere besteht aus Nickel. Die Liste der Anwendungsmöglichkeiten lässt sich beliebig fortsetzen: Sie sind ein Hauptbestandteil in vielen Supraleitern, stecken in der Beschichtung von Tarnkappenbombern und sind manchmal sogar in Tierfutter enthalten. Und wer im Krankenhaus in einen Magnetresonanztomografen geschoben wird, bekommt vorher eine Lösung mit Gadolinium als Kontrastmittel gespritzt.

In die Presse kamen die Seltenen Erden vor allem, als China 2005 seine Ausfuhren verringerte und die Preise stark stiegen. Das Land war im vorausgehenden Jahrzehnt zum Monopolisten aufgestiegen, da es dank großer Vorkommen, billiger Arbeit und laxer Umweltauflagen zu Preisen produzierte, mit denen Minen in anderen Ländern nicht konkurrieren konnten. Zudem musste die früher wichtigste Mine, Mountain Pass in Kalifornien, 2002 den

Betrieb einstellen, nachdem größere Mengen radioaktiven Abwassers ausgeflossen waren. Der Preisanstieg löste eine fieberhafte Aktivität aus. Unzählige neue und altbekannte Vorkommen in aller Welt wurden erkundet, manche davon werden sicherlich bald abgebaut, andere vielleicht in absehbarer Zukunft. Mountain Pass ist inzwischen wieder in Betrieb, und in Australien ist der Abbau am Mount Weld, einem der größten bekannten Vorkommen, in Vorbereitung.

Literatur

Adunca, R. 2000. Carl Auer von Welsbach. Das Lebenswerk eines österreichischen Genies. Uni Wien. *Plus Lucis* 1/2000.

Fogh, I. 1921. Über die Entdeckung des Aluminiums durch Ørsted im Jahre 1825. *Det Kgl. Danske Videnskabernes Selskab: Mathematisk-fysiske Meddelelser* 3:14.

Geoghegan, T. 2013. The story of how the tin can nearly wasn't. BBC news magazine, http://www.bbc.com/news/magazine-21689069.

Liessmann, W. 2010. *Historischer Bergbau im Harz*. 3. Aufl. Berlin: Springer.

Sims, C. T. 1984. A history of superalloy metallurgy for superalloy metallurgists. Proceedings of the Fifth International Symposium on Superalloys, Seven Springs Moutain Resort, Champion, PA.

Glossar

Abteufen
Schachtbau oder Bohrung.

Amalgam
Legierung aus Quecksilber und Gold oder Quecksilber und Silber; bei hohem Quecksilbergehalt flüssig.

Amalgamverfahren
Trennung von Gold aus Golderz mithilfe von Quecksilber. Das Edelmetall löst sich in Quecksilber. Anschließend wird die flüssige Legierung (Amalgam) erhitzt, wobei das Quecksilber verdampft.

Anatolien
asiatischer Teil der Türkei.

Archäometallurgie
Zweig der Archäologie, der sich mit der Geschichte der Metallherstellung befasst; umfasst Ausgrabungen von Bergwerken, Hüttenwerken und Schmieden (Montanarchäologie), die Untersuchung von Metallartefakten und Schlacken mit naturwissenschaftlichen Methoden (Teil der Archäometrie) sowie Experimente beispielsweise mit nachgebauten Öfen.

Archäometrie
Anwendung naturwissenschaftlicher Methoden in der Archäologie.

Arsenbronze
Legierung aus Kupfer und Arsen, in der frühen Bronzezeit weitverbreitet.

Aufbereitung
Abtrennung unbrauchbarer Bestandteile eines Erzes vor der Verhüttung und Auftrennung in verschiedene Erzkonzentrate.

Auffahren
Bau von Schächten, Stollen und Strecken.

Aufkohlen
Verwandlung von Schmiedeeisen zu Stahl durch Erhöhung des Kohlenstoffgehaltes.

Bewetterung
Belüftung eines Bergwerks.

Coltan
Minerale Columbit-Tantalit; wichtigstes Tantalerz.

Damast
Stahl mit Lagen von unterschiedlichem Kohlenstoffgehalt; entweder Schmelzdamast (Damaszenerstahl) oder Schweißdamast.

Damaszenerstahl
Schmelzdamast mit sehr hohem Kohlenstoffgehalt, der früher in Indien und im Nahen Osten hergestellt wurde; Ausgangsprodukt war im Tiegel erzeugter Wootzstahl.

Eisenluppe
im historischen Rennofen durch Reduktion von Eisenerz bei Temperaturen unterhalb des Schmelzpunkts erzeugter Klumpen aus porösem Eisen; hat viele Einschlüsse von Schlacke und Kohlenresten, die vor der weiteren Verarbeitung ausgeschmiedet werden müssen.

Eisensau
s. Eisenluppe.

Eisenschwamm
s. Eisenluppe.

Elektrum
natürlich vorkommende Legierung aus Silber und Gold.

Erz
Mineralgemenge bzw. Gestein, das aus ökonomischem Interesse abgebaut werden kann, wobei es in der Regel um die Gewinnung von Metallen geht.

Erzgrad
Gehalt des ökonomisch interessanten Metalls im Erz, angegeben in Prozent oder g/t.

Exploration
Suche nach unbekannten Lagerstätten und genauere Untersuchung potenzieller Lagerstätten.

Fahlerz
Mineralgruppe mit Tetraedrit, Tennantit und ähnlichen Mineralen; arsen- oder antimonhaltiges Kupfererz, oft silberhaltig, besitzt oft hohe Gehalte an anderen Metallen.

Fahlerzkupfer

in der frühen Bronzezeit häufig verwendetes Kupfer, das aus Fahlerzen hergestellt wurde und hohe Gehalte an bestimmten Spurenelementen hat.

Fernerkundung

Gewinnung geophysikalischer Daten mithilfe von Satelliten, Flugzeugen oder Helikoptern.

Feuersetzen

historisches Bergbauverfahren: Zermürben und Zerbrechen des Gesteins durch Hitzeeinwirkung.

Flöz

schichtförmige Lagerstätte, die sedimentär entstanden ist; insbesondere bei Kohle, aber auch beim Kupferschiefer.

Frischen

Verringerung des Kohlenstoffgehalts in Roheisen zur Erzeugung von Stahl.

Galenit (Bleiglanz)

PbS, häufig mit geringem Silbergehalt, wichtiges Blei- und Silbererz.

Gang

Spalte, die durch hydrothermale Minerale ganz oder teilweise verfüllt wurde; oder Spalte, in der Magma aufsteigt oder erstarrt ist; kleine hydrothermale Gänge werden als Ader bezeichnet.

Gangart

nicht metallhaltige Minerale einer (hydrothermalen) Lagerstätte, insbesondere Quarz, Fluorit, Baryt und Karbonate.

Gangtrum

vom Hauptgang abzweigender Nebengang.

Gediegen

in elementarer Form in der Natur vorkommende Metalle, zum Beispiel Gold, Platin, Silber, Kupfer.

Gestein

natürliches Gemenge von Mineralen.

Glaskopf

blumenkohlartige (kolloforme) Aggregate mit glänzender Oberfläche; roter Glaskopf: Hämatit; brauner Glaskopf: meist Goethit; schwarzer Glaskopf: Manganhydroxide.

Gusseisen

Eisen mit hohem Kohlenstoffgehalt (ca. 2–4 %), ist spröde und nicht schmiedbar.

Halbleiter
Elemente oder Verbindungen mit elektrischen Eigenschaften, die sich sowohl von elektrischen Leitern als auch von Isolatoren unterscheiden.

Halbmetalle
Elemente, die im Periodensystem und in ihren Eigenschaften zwischen Metallen und Nichtmetallen stehen; Halbmetalle sind auch Halbleiter.

Hochofen
Ofen zur Eisen- und Stahlerzeugung, in dem Erz bei hoher Temperatur zu flüssigem Roheisen reduziert wird.

Hüttenwerk (Hütte)
Werk zur Gewinnung von Metallen aus Erzen (Verhüttung); geschieht entweder in einem speziellen Ofen (pyrometallurgisch), durch Lösung und Fällung (hydrometallurgisch) oder durch Elektrolyse in einer Lösung oder Schmelze (elektrometallurgisch).

Konverter
spezieller großer Tiegel in Hüttenwerken, zum Beispiel zum Frischen von Roheisen.

Kupellationsverfahren
historisches Verfahren zur Trennung von Blei und Silber, bei dem das Blei oxidiert wird.

Kupferstein
s. Matte.

Lagerstätte
Rohstoffvorkommen.

Legierung
metallischer Werkstoff aus mehreren Elementen.

Levante
östliche Mittelmeerländer (Syrien, Libanon, Israel, Jordanien).

Luppe
s. Eisenluppe.

Matte
künstliches Sulfid (erstarrte Sulfidschmelze), Zwischenprodukt bei der Verhüttung, insbesondere von Kupfer; auch: Kupferstein.

Mennige
Bleioxid (Pb_3O_4), wurde als Farbpigment und Rostschutzmittel verwendet; toxisch.

Mesopotamien
„Zweistromland" mit den Flüssen Euphrat und Tigris, insbesondere Irak und Nordostsyrien.

Metalle
Elemente beziehungsweise Legierungen, in denen metallische Bindung vorherrscht, das heißt, die äußersten Elektronen jedes Atoms sind frei beweglich. Metalle haben eine hohe elektrische Leitfähigkeit, eine hohe Wärmeleitfähigkeit, sind duktil verformbar und haben einen metallischen Glanz.

Metallurgie
Wissenschaft der Metallgewinnung und -verarbeitung; auch: Hüttenwesen.

Meteorisches Eisen
Eisen aus Meteoriten, im Gegensatz zum terrestrischen Eisen der Erde.

Mineral
unbelebter, homogener und natürlicher Festkörper der Erde oder anderer Himmelskörper; bis auf wenige Ausnahmen sind Minerale anorganisch und bilden Kristalle.

Montanarchäologie
Zweig der Archäologie, der sich mit Ausgrabungen von Bergwerken, Hüttenwerken und Schmieden beschäftigt.

Montanwesen
Lehre vom Bergbau einschließlich Exploration, Schacht- und Stollenbau, Markscheidewesen, Verhüttung und Aufbereitung.

Mundloch
Stolleneingang.

Oxidationszone
In Lagerstätten kommt es nahe der Oberfläche zur Oxidation der Sulfide. Dabei werden bestimmte Metalle wie Kupfer und Silber gelöst und etwas tiefer wieder ausgefällt. Dies geschieht in Form von sogenannten „oxidischen" Erzen (Oxide, Karbonate, Sulfate und so weiter) und in der Zementationszone unterhalb des Grundwasserspiegels in Form von sekundären Sulfiden. Eisen bleibt in der ausgelaugten Zone zurück („Eiserner Hut").

Pinge
kleinere Gruben, die durch Schürfen an der Oberfläche oder durch Einsturz von Bergwerken unter Tage entstanden sind. Diese historischen Bergbauspuren sind meist graben- oder trichterförmig.

Prospektion
Suche nach unbekannten Lagerstätten.

Raffination
Reinigung von unreinen Metallen.

Rennofen
diente bis ins späte Mittelalter der Eisenerzeugung; Reduktion des Erzes unterhalb des Schmelzpunktes von Eisen.

Roheisen
im Hochofen erzeugtes, nicht schmiedbares Eisen mit sehr hohem Kohlenstoffgehalt (ähnlich Gusseisen), das durch Verringerung des Kohlenstoffgehaltes (Frischen) in Stahl verwandelt wird.

Rösten
Erhitzen von Sulfiderz unter oxidierenden Bedingungen; wandelt Sulfide in Oxide um und ermöglicht die weitere Verhüttung.

Saigerverfahren
diente der Trennung von Silber und Kupfer bei silberhaltigem Kupfererz.

Schacht
senkrechter oder schräger (tonnlägiger) Zugang in ein Bergwerk.

Schlacke
Schmelzrückstand aus der Metallverhüttung.

Schlammteich
dient der Sedimentation von schlammigen Abfällen (Tailings) aus der Aufbereitung.

Schmelzdamast
Verbundstahl mit Lagen unterschiedlichen Kohlenstoffgehalts, der im Tiegel erzeugt wurde; zum Beispiel Damaszenerstahl.

Schmiedeeisen
Eisen, das nahezu keinen Kohlenstoff enthält; elastisch, gut schmiedbar, aber relativ weich und korrosionsanfällig.

Schweißdamast
durch Zusammenschmelzen von Stahllagen mit unterschiedlichem Kohlenstoffgehalt erzeugter Verbundstahl.

Schwermetall
willkürliche Zusammenfassung von Metallen, die je nach Definition entweder eine hohe Dichte oder ein hohes Atomgewicht haben oder besonders toxisch sind.

Seifenlagerstätte (Seife)
sekundäre Lagerstätte von verwitterungsresistenten Mineralen mit hoher Dichte, die in einem Flussbett oder an einem Strand abgelagert wurden; insbesondere Gold, Platin, Kassiterit (Zinnstein), Monazit, Zirkon, Edelsteine.

Sohle
sozusagen eine Etage in einem Bergwerk (wie ein Stollen, führt aber nicht unbedingt an die Erdoberfläche, sondern meist zu einem Schacht); außerdem der Fußboden eines Grubenbaus.

Speis
alte Bezeichnung für Arsenide und Antimonide.

Sphalerit (Zinkblende)
ZnS, häufiges Zinkerz.

Stahl
Eisenlegierung mit einem Kohlenstoffgehalt von 0,01–2 %, enthält gegebenenfalls hinzulegierte Stahlveredler wie Mangan, Chrom, Vanadium.

Stollen
Zugang zu einem Bergwerk, der von der Oberfläche aus waagrecht oder leicht geneigt in einen Berg führt; s. auch Strecke.

Strecke
waagrechter oder leicht geneigter, als Zugang dienender Grubenbau, der im Gegensatz zum Stollen nicht direkt an die Oberfläche führt, sondern in einen Schacht mündet.

Sulfid
Mineral mit S^{2-} als Anion; viele Erzminerale sind Sulfide, zum Beispiel Chalkopyrit, Sphalerit, Galenit.

Supraleiter
Material, dessen elektrischer Widerstand unterhalb der „Sprungtemperatur" auf 0 abfällt. Die Sprungtemperatur liegt meist nahe des absoluten Nullpunkts (– 273,15 °C), bei Hochtemperatursupraleitern deutlich höher, aber noch immer bei eisigen Temperaturen, die immerhin durch Kühlen mit z. B. flüssigem Stickstoff erreicht werden können.

Tagebau
Abbau an der Erdoberfläche („über Tage").

Taubes Gestein
nicht nutzbares Nebengestein einer Lagerstätte.

Teufe
Tiefe unter der Erdoberfläche in einem Bergwerk.

Treibofen
historischer Ofen zur Trennung von Blei und Silber (s. auch Kupellationsverfahren).

Tumbaga
bei den präkolumbischen Kulturen im Andenraum verbreitete Legierung aus Kupfer und Gold.

Unter Tage
unter der Erdoberfläche.

Verbundstahl

aus Lagen unterschiedlicher Stahlsorten zusammengesetzter Stahl.

Verhüttung

Metallgewinnung aus Erzen und anschließende Weiterverarbeitung; s. auch Hüttenwerk.

Ziselieren

feine, zur Verzierung dienende Metallbearbeitung mit Sticheln und Stempeln; im
Gegensatz zur Gravur nicht durch Abspanen, sondern durch Treiben des Metalls.

Sachverzeichnis

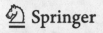

Printed in the United States
by Bookmasters

Printed in the United States
By Bookmasters